10分鐘上菜

一回家就開飯！

千萬粉絲都說讚的
零失敗快速料理+甜點
超人氣秒殺食譜
100+

今晚想準備什麼料理？

　　平常做晚餐前，我會在超市採購新鮮的包裝蔬菜與已經切好的肉片。經過分裝、事先處理好的食材，那可以減少很多料理前的準備。但最讓我煩惱的，大概是晚上要準備幾道菜？要怎麼做？那時，突然想到之前去日本旅遊的時候，最喜愛到處吃美食，日本的餐廳經常會把做好的料理直接放在飯上，點完餐不到 10 分鐘，馬上就送上桌。快速又不失美味的料理，讓已經飢腸轆轆的我覺得很滿足，也決定如法炮製運用在準備晚餐上，而且一次只準備一道菜，把料理變豐盛、步驟變簡單，還能減少清洗碗盤。

　　這本書介紹的都是我實際做過，不會太難，也容易上手的料理。從開火就上手的料理、免顧火輕鬆煮、一鍋到底方便煮、省時省力暖心湯、5 分鐘簡單甜點，對於剛學習料理的新手或忙碌上班族，都是很好的零失敗料理，省時、輕鬆又美味。

　　我喜歡把不同的蔬菜與肉結合在一起，簡單加入調味醬料變化，一道菜有肉又有菜，只要白飯煮好就能馬上開動。不僅省瓦斯、夏天在廚房還能少流汗。有時候會先看看冰箱還有什麼能用的食材，把食材重新組合，偶爾也會有意外的火花，不知不覺中，發現了做料理的趣味感。

如果有時間的話，我會在前一天先把肉醃好、蔬菜切好放在保鮮盒冷藏，隔天就能馬上料理。我也會購買現成的高湯包、炸雞粉、鍋底醬料、調味醬料，那可以節省瓶瓶罐罐的調味料步驟與順序，只要一次下鍋，做菜更能得心應手，不會手忙腳亂，對做菜也越來越有自信。

　　這二年我也開始學習簡單生活，從生活中到廚房實施清冰箱計劃，也重新找到食材搭配的樂趣，除了不會造成過多的浪費，還能從食材中找到更多的組合方式，做菜變成了一件快樂的事。如果你正在煩惱今天晚上該準備什麼料理？希望這本書能幫助你運用 10 分鐘就能出好菜，輕鬆做料理，一回家馬上享受香噴噴又美味的晚餐。

丸子

目錄 CONTENTS

1

人氣料理

牛肉

豬肉

雞肉

2

就是要吃飽

目錄 CONTENTS

3
一鍋到底

4
快速清冰箱料理

5
人氣湯品

6

免顧火料理

7

免開火料理

8

5 分鐘甜點

快速上菜的事前準備

肉料理

切適當大小→小袋分裝

事前將肉類切適當大小，例如片狀或塊狀，分小袋包裝，可以縮短解凍時間，以及前置作業的繁鎖。例如難熟透的雞胸肉，擔心太熟了又過乾柴，可以把肉片從中間切薄再料理，能做的料理更多變化。

1

用紙巾將雞肉擦乾，翻至背面，從中間處將雞肉切開。

2

接著刀子往右邊切薄，一片一片薄切。

3

切片後再料理。

利用保鮮盒，減少料理步驟

需要沾粉的肉類，不用一塊一塊慢慢沾，只要將肉和粉類放進保鮮盒，蓋上蓋子搖一搖，每一塊肉就會均勻沾上粉。

1

在保鮮盒底部放沾粉，放入肉片，再撒上一層粉。

2

蓋上上蓋，左右搖晃二次、上下搖晃二次。

3

打開上蓋，肉塊已經均勻沾上粉。

事前調味→縮短烹調時間

1 先將各式肉類處理過，就能加速料理的時間，例如蘿蔔泥、優格、雞蛋是最天然的軟化肉品食材，醃好放冰箱冷藏或冷凍，料理時隨時可取用。

蘿蔔泥

蘿蔔泥可以幫助肉品軟化，經常使用在比較厚的牛肉、豬肉。

雞蛋

蛋液可以增加肉片的滑嫩感，且包裹在肉的表層，能鎖住肉汁，只要事先準備好放在冰箱冷藏一個晚上，隔天就能馬上使用。

優格

優格可以軟化雞肉，尤其是不小心煮太久就乾柴的雞胸肉、雞小腿，醃肉的時候只要加一些優格、優酪乳，就能讓雞肉吃起來更軟嫩。

2 想要讓料理快速入味絕對不能缺少片栗粉、蒜泥、炸雞粉。

片栗粉

是一種熟的太白粉，又稱為日本太白粉，可以當作手粉或草莓大福的沾粉，使用在肉片上，加熱時能幫助醬汁快速依附在肉片上，不需要長時間的醬煮。

蒜泥

使用蒜泥醃肉，可以讓食材迅速入味。涼拌蔬菜也適合這樣的作法。

炸雞粉

現成的炸雞粉，不只能製作炸雞，也可簡單醃肉，不需要太多瓶瓶罐罐的醬汁、調味，只要一點點炸雞粉就能搞定。

蔬菜料理

容易存放的根莖類蔬菜，是每週固定會採購的食材，可以讓料理多一點變化，搭配肉類、涼拌、直接烹煮都很適合，能增加料理的視覺感、豐富度，口感也更有層次。

保鮮

在市場一次採購一週的蔬菜，根莖類容易存放，使用前再清洗，能讓食材延長保鮮。

分切

將食材分切好存放在保鮮盒，準備晚餐時再從冰箱冷藏取出。

切塊

不需要刀功的切塊，只要切成好入口的大小，適合做涼拌菜。

切丁

切成丁狀，可以幫助食材迅速熟透。

切絲

利用多功能的刨絲器，迅速就能把洋蔥切絲。

切片

把蔬菜切成片狀，能加速食材入味，尤其是切片的小黃瓜，切面大，更容易吸收醬汁。

搗泥

隨手方便取用的叉子，也是方便的搗泥器。

斜切

不容易入味的蔬菜，利用斜切，除了外形美觀，讓斜切面更容易吸附醬汁。

分二次使用

連根川燙的菠菜，一次就能做二道料理。根部可以做涼拌、葉部還能做菠菜捲。

高湯

韓國昆布鯷魚高湯

現成的高湯包只要加入開水煮滾就能馬上使用，高湯包內的材料有昆布、乾鯷魚、香菇，可當作韓式部隊鍋、魚板湯、韓式辣味年糕高湯使用。

1

準備韓國昆布鯷魚高湯包。

2

將高湯包與白開水600c.c.一同放入湯鍋中。

3

開火煮滾，轉中小火再煮5分鐘。

4

撈出高湯包，即完成。

昆布香菇高湯

將韓國昆布鰻魚高湯包拆開後,把昆布、香菇、鰻魚分別拆開,可以製作多種湯底,昆布香菇高湯、昆布高湯、鰻魚高湯,平常做關東煮就會使用昆布香菇高湯,省時又方便。

1

準備韓國昆布鰻魚高湯包。

2

將高湯包拆開,取出鰻魚,把其他食材放入水中。

3

加入600c.c.的水,煮滾再煮5分鐘。

4

取出材料,即完成。

能縮短料理時間的技巧

備料好工具：保鮮盒

保鮮盒是備料的必須工具，透明的外盒，不需要掀蓋就可以看到內容物，不用花時間標示、分類，一次只準備二天的量，取出就用完，更不會浪費食材！

預先分配好份量

一人一份的漢堡排，把絞肉調味好後，直接分成二份放在保鮮盒中，料理時直接用鍋鏟就能下鍋。

瀝水盒也能保鮮

清洗好的蔬菜可以先放在瀝水盒內冷藏保存，想要吃生菜時，隨時都能拿出來使用。

食材先切好放在保鮮盒冷藏備用

- 涼拌的蔬菜事前切好只要川燙後，簡單調味就能上桌，加入爽脆的竹輪、鴻禧菇，清爽又開胃。

- 把食材都先切好，放在保鮮盒內冷藏備用，一次倒入湯鍋，更方便。

只要搖一搖就入味的涼拌菜

把切好的蔬菜與醬汁一同放到保鮮盒內，蓋上蓋子搖晃均勻，就能直接放在冰箱冷藏保鮮，夏天最消暑開胃的涼拌菜，絕對少不了這味。

簡單的炸雞肉調味粉，也能幫助入味

想吃清淡點，又想要有點味道，可以使用炸雞調味粉，只要加一點點放在保鮮盒內，搖晃均勻，可節省醃肉的時間；料理時淋上橄欖油再搖晃一次，就能放到氣炸鍋內直接氣炸。

方便的食材準備

只要走進超市，就能採購一日所需的料理食材，選購已經處理好的半成品，可節省料理的時間，只要解凍、打開就能使用。冷凍區的急凍海鮮、熟蔬菜、冷藏肉片都是料理的好幫手，還有吃不完的洋芋片也可以拿來做烘蛋！

冷藏區的肉片

經過處理的牛肉片、切塊的雞腿肉、火鍋肉片，每盒約在200～300g間，不需花時間分裝或事先處理，一盒一餐剛剛好，打開就能使用，可以直接醃肉、拌炒、煮湯。

冷凍海鮮

冷凍區的急凍鮮物有不少海鮮食材，從漁港捕撈上岸後，直接急速冷凍，從物流送到超市。解凍後，簡單沖洗就能馬上使用。

市售魚肉片

節省殺魚的時間，只要沖洗後切片就能使用，除了可以煮湯，也能做麻辣水煮魚、魚片丼飯，魚刺極少，更能安心吃。

魚板

新鮮魚漿製作的韓國魚板，是韓國當地路邊攤最受歡迎的小吃魚板串，不只能煮魚板湯，也能做醬燒魚板小菜，放進氣炸鍋，炸的酥酥，是最簡單的下酒菜。

臘肉切片

選擇已經調理好的切片臘肉，可以炒青菜、炒麵，鹹香夠味，只要直接和食材一起丟下鍋拌炒，香氣撲鼻，還能省下醃肉的時間。

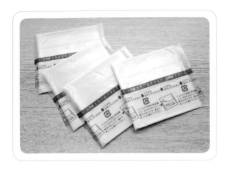

乾酪片

風味香濃的起司片，只要和牛奶攪拌均勻，也能當白醬使用喔！

冰烤番薯

透過熟凍的冰烤番薯，經過加熱就能直接吃，也能當作蔬菜使用，更能製作點心，地瓜薯條、地瓜麻吉燒、地瓜泥糰子。

洋芋片

使用洋芋片取代新鮮的馬鈴薯，可以節省烹調的時間，能當零食也能當做蔬菜，增加馬鈴薯烘蛋的風味與口感。

紅豆泥調理包

打開就能直接使用的紅豆泥調理包，是做甜點的好幫手，可以節省熬煮紅豆的時間，直接放在日式糰子或烤吐司上，甜蜜蜜的，更富含營養。

現成調理包

偶爾想偷懶一下，可以選擇現成的調理包，只要把食材和醬包一起加熱，一包就搞定，不用再花時間準備調味醬料，黃金比例的醬料包，讓每一道菜都是主廚級的美味料理。

韓國泡菜

韓國進口的泡菜，不會過酸，不只能當小菜直接吃，還能炒肉、煮湯、拌飯，而且鹹度很夠，不需要再調味，一瓶就搞定。

麻辣鍋底包

不只能煮火鍋，鍋底醬能炒肉片、做水煮魚，把蔬菜燙一燙，麻辣滷味靠這包就能搞定。

咖哩調味包

現成的調理包除了能煮咖哩飯，還能調味雞肉、炒絞肉，抓一抓就能下鍋。

有了這些，事半功倍！

省時好鍋

好的工具能提升做菜的效率，我喜歡用中型的平底不沾鍋，輕巧好拿，更能控制食材的份量，不用擔心煮太多造成浪費；少量的食材也能縮短料理的時間。廚房的小家電，有氣炸鍋、烤箱、可換烤盤的鬆餅機…，就能變化出很多料理和點心。

22cm 不沾平底鍋

利用中心加溫的紅點設計，可以分辨鍋中的熱度，能算準食物放入的時間，可拆把手，直接將煮好的菜放上餐桌，能品嚐到最溫暖的食物。

18cm 不沾湯鍋

健康陶瓷塗層的不沾湯鍋，煮湯前可以直接爆炒配料，一鍋多用，還能當油炸鍋使用。

不沾玉子燒鍋

平常除了做玉子燒外，可以把食材放到玉子燒鍋中，直接放進烤箱使用，擁有不沾的材質加熱速度快、多用途又好清洗，還能節省廚房的使用空間。

深平鍋

有醬汁的中式菜餚，會使用深平鍋翻炒，選擇中型的鍋子輕巧好拿，還能控制一次料理的食材。

多功能烤箱

不需要事先預熱的烤箱，瞬間可以在0.2秒將溫度拉高，能有效的在短時間內把料理烤熟，仍保有食材的水分，小巧不占空間，免顧火，是廚房必備的小烤箱。

鬆餅機

可換烤盤的鬆餅機，是做點心的好幫手，想吃點心日式鯛魚燒、早餐熱壓吐司、下午茶美式鬆餅，都可以在5分鐘內就完成。

氣炸鍋

現代科技的神奇電器，平常想吃炸雞也能靠它完成，一樣有香酥的口感，還能節省油的使用量，吃起來更健康。可製作烘蛋、點心、串燒，而且好清洗免顧火。

手持攪拌機

做甜點、煮湯、打果汁、切碎食材都少不了它，還能將煮熟的馬鈴薯、蘿蔔打成果泥，加入咖哩中，營養通通都能吃進胃裡。

方便好物

平常喜歡使用比較小的調理工具，容易掌控的小把刀子、輕巧不易打破的量杯、可以剪肉片的料理用剪刀、大容量的調理碗，都能縮短料理的準備時間。

不鏽鋼雙刀 9cm/13cm

輕巧、實用性高的不鏽鋼刀，是切蔬果的好幫手，尤其是切蔥、根莖類的蔬果，特別容易掌控。

料理夾

料理夾前端是矽膠材質，耐熱200度，不會傷害不沾鍋。不只是夾子，可撈湯汁、撈麵、夾菜都很方便！輕巧、容易掌控，料理更順手。

不鏽鋼保鮮盒

備好的配料會放在保鮮盒冷藏，調理肉品也很適合，且耐熱可以使用在電鍋、烤箱。備好的料理能直接加熱，用筷子拌均勻就可上桌。

迷你量杯 50ml

平時測量醬油、味醂有液體的調味料都靠它搞定，最小刻度為5ml，也可以測量1～6小匙、1～3大匙，一個杯子有3種用途，使用更方便。

料理剪刀

不容易熟透的肉片，料理時可以用料理剪刀剪開，立刻就可以上桌。

壓蒜器

蒜泥可以幫助料理快速入味，尤其是醃肉、涼拌菜都適合，一次放一顆，輕鬆就能壓出蒜泥。

撒粉器

平常會把麵粉裝在裡面,可以當作做烘焙的手粉,撒在肉片上能輕鬆撒均勻,更不會浪費大量的麵粉。

鋁製導熱奶油刀

從冰箱取出來的奶油,就能馬上切片的奶油刀,是料理的好幫手,不需要等待奶油溶化,可輕易切出一塊一塊的奶油。

耐熱調理碗

可以使用在微波爐的耐熱碗,容量大,能把醃好的肉片和蔬菜一起放到調理碗內,抓一抓就能直接放到平底鍋內加熱。

多功能蔬菜切片器

不需練刀功,就能把每一塊切成一樣的大小,需切片的小黃瓜、蘿蔔都會使用到,洋蔥也可以刨絲。除了可切片,需磨成泥狀的蒜頭、蘿蔔都能迅速完成。

醬料杯

需要使用的醬汁，可以事先準備好在醬料杯內，放在冰箱冷藏，透明容易辨識，從冰箱取出來就能馬上使用。

研磨鉢

可研磨芝麻、黑胡椒粒、堅果至粉狀，現磨的香氣最足，利用研磨棒可控制粗細，增加料理的風味，體積輕巧，好收納。

量匙

精準的測量調味醬料的液體、粉類。

量匙：1大匙(15ml)、1小匙(5ml)、1/2小匙(2.5ml)

計時咖啡秤

三處面板，可計時、測量牛奶或水(ml)，重量切換g、oz、磅數、兩、斤，重量最小值0.1g～3kg的多功能電子秤。

好用調味料

運用幾種醬料搭配,就能變化多種不同的料理,還能節省熬煮高湯的時間,日式的調味料方便取得,用途廣,做菜更輕鬆。

醬油

味道甘醇不死鹹,結合港式醬油生抽的鮮味、台式醬油香醇,成分簡單,可拌炒、醃肉、滷味、久燉等料理使用。

味醂

味道香甜,帶有一點酒香,能簡化調味料的步驟,來取代米酒和白糖,醬燒的和風丼飯可以這樣做。

菜籽油

油煙少、耐高溫,適合炒菜、油炸,要下鍋的肉片先加一些,肉片不會乾柴過老,吃起來更香嫩。

芝麻油

香濃的芝麻香氣,顏色略深,涼拌青菜只要加一點點,就能增添風味。

濃縮醬汁

味道酸甜，結合了多種蔬果的濃縮醬，會搭配醬油、番茄醬一起使用，醬燒肉片、燴煮蝦仁都很適合。

桃屋辣油

味道香濃不嗆辣，加了辣油、炸蒜片、辣椒，風味多層次，適合炒肉片、淋醬等多種料理使用。

大阪燒用醬

味道香甜，富含多種蔬果的濃縮醬汁，適合炒麵、淋醬等日式料理使用。

油炸粉

味道香濃的調味粉，能增加肉的香氣，適合豬肉、雞肉的料理使用。

鰹魚粉

味道甘甜的鮮味，用乾燻鰹魚再加工而成，適合炒菜、海鮮能提鮮，適合多種料理使用。

昆布粉

味道甘醇。用北海道品質最好的昆布之王真昆布製成，全素也能使用，適合煮湯、蒸蛋等多種料理使用。

咖哩調味包

充滿肉香的調味包，結合了多種香料，適合燉煮肉類、湯品的日式料理使用。

綜合香料

味道微辣，集合了多種香料的調味粉，可醃肉、拌醬，適合燒烤的西式料理。

番茄醬

味道香甜微酸，加熱後風味溫和，適合拌醬、醬燒肉類的料理使用。

韓國芝麻香油

低溫壓榨的芝麻油，風味濃厚，可以涼拌沙拉、拌飯、淋在熱湯上增添風味。適合韓式料理使用。

芝麻粒

熟香的白芝麻粒,可以增加料理的香氣,研磨成粉狀,涼拌菜也特別香。

韓式辣椒醬

風味濃厚香辣、有層次的大豆發酵醬,又稱辣味噌醬,可以煮湯、拌麵、拌醬,適合韓式料理使用。

可爾必思乳酸菌發酵乳

風味酸甜。濃縮的可爾必思乳酸菌發酵乳,可以搭配開水、氣泡水、牛奶、果汁、綠茶使用,比例1:3最佳。

人氣料理

1

下班後只想輕鬆煮！
各式肉類、海鮮、蔬菜應有盡有

牛肉

10分鐘

泡菜炒牛肉

在超市會選擇韓國進口的泡菜，
鹹度高、酸度低，可涼拌、炒肉、煮湯，不需要特別調味，
炒熱的泡菜風味迷人，包肉包生菜一起吃更滿足。

菜包肉，
爽口更開胃

🐰 **使用工具** 22cm 不沾平底鍋

✎ 食材（1〜2 人份）

牛肩里肌炒肉片 170g

韓國泡菜 100g

蔥 1 根（切段）

韓國芝麻香油 2 小匙

🍳 HOW TO MAKE

1 先將肉片與韓國芝麻香油混合並攪拌均勻。

2 將肉片與泡菜一起放入平底鍋內燒煮 3 〜 5
　分鐘。

3 起鍋前加入蔥段。

美味 Tips

・在醃肉的步驟加入芝麻香油，肉片翻炒時不
　易乾柴，更不會黏鍋，加熱時，鍋底不放沙
　拉油也OK！

・擺放在冰箱一段時間的泡菜，酸度會增加，
　更適合料理。經過加熱後，可以降低酸度，
　更美味。

・下鍋不要急著拌炒肉片，把牛肉底部煎至微
　焦再和泡菜拌炒，肉更香。

┌─ 快速 Tips ─┐

已經調味好的市售泡菜，可以節省瓶瓶罐
罐調味的時間。

洋蔥醬牛排沙拉

不想吃飯時,就來一碗沙拉吧!
淋在牛排上的醬汁是和風洋食的作法,拌著生菜一起吃,
不用沙拉醬,步驟簡單,又有肉肉的滿足感。

把洋蔥磨成泥狀,
就能降低辛辣感

使用工具 22cm 不沾平底鍋

✎ 食材（1 ～ 2 人份）

美國牛小排 160g	黑胡椒適量
生菜 50g	醬油 2 小匙
有鹽奶油 5g	味醂 2 小匙
蒜頭 1 瓣（壓成泥）	中濃醬 2 小匙
洋蔥 ¼ 個（磨成泥）	橄欖油 1 小匙
研磨海鹽適量	

🍲 HOW TO MAKE

1　先用刀子將牛小排切出紋路，接著與研磨海鹽、黑胡椒、橄欖油一起調味。

2　平底鍋加熱，倒入少許沙拉油（份量外），放入牛排將兩面各煎 2 ～ 3 分鐘，取出靜置後再切片。

3　將洋蔥泥、蒜泥、醬油、味醂、中濃醬混合均勻倒入平底鍋中，用中小火加熱至滾，熄火後加入有鹽奶油。

4　將步驟 3 的洋蔥醬淋在切片的牛排上，清爽又有飽足感的牛排沙拉就完成了。

美味Tips

・牛排煎好後靜置一段時間，可鎖住肉汁的精華，切開才不會血水滲出的情形發生。

・事先將牛排斜切，醬汁容易附著在肉片上。

椒麻辣拌牛肉

川菜館最熱門的小菜，只要把辣醬與花椒粒和肉片一起拌炒，

加上喜歡的蔬菜拌一拌，爽口又沒有負擔，

最適合宵夜，簡單料理就能完成。

多了小黃瓜、彩椒，
爽脆還能解辣

🥢 **使用工具** 22cm 不沾平底鍋

🏷️食材（1～2人份）

肩胛牛肉片 75g　　蒜頭 1 瓣

滷牛肚 100g　　　花椒粒 1 小匙

小黃瓜 1 根　　　桃屋辣油 1 大匙

彩椒 ¼ 個　　　　烏醋 1 大匙

青蔥 1 根

洋蔥 ¼ 個

🍲 HOW TO MAKE

1　先將小黃瓜切半再切片，青蔥、彩椒切絲；
　洋蔥、蒜頭磨成泥備用。

2　將桃屋辣油、花椒粒放入平底鍋爆香，加入
　肉片炒至 7 分熟後取出。

3　接著把滷牛肚、小黃瓜、青蔥、彩椒放入玻
　璃碗內。

4　依序放入炒熟肉片、烏醋、洋蔥泥、蒜泥，
　將所有食材攪拌均勻。

美味*Tips*

· 可以將自己喜歡的滷菜，一起放進去拌一拌。

· 用洋蔥泥取代洋蔥絲，可以降低嗆辣感。

奶油醬燒牛肉

只要一瓶日式中濃醬，就能搞定！

醬汁以蔬果為基底，酸甜帶著果香，只要加入爽脆的根莖類蔬菜拌炒，

喜歡味道更豐富，可以加黑胡椒粒，就是鐵板燒餐廳的華麗牛排料理。

用餘溫溶化奶油，
每一口都有奶油香

🐰 **使用工具** 22cm 不沾平底鍋

✎ 食材（1～2 人份）

牛梅花牛排 130g	研磨黑胡椒適量
四季豆 30g	海鹽適量
彩椒 10g	橄欖油適量
洋蔥 ¼ 個	中濃醬 2 大匙
蒜頭 2 瓣	
有鹽奶油 10g	

♨ HOW TO MAKE

1　將彩椒、四季豆切適當大小，洋蔥切丁、蒜頭切片備用。

2　先用紙巾將牛梅花牛排擦乾，並加入研磨黑胡椒、海鹽、橄欖油調味，把牛排兩面按壓後靜置 5 分鐘。

3　把四季豆放入微波爐微波 1 分鐘。

4　在平底鍋內倒入橄欖油加熱，放入洋蔥、蒜片與牛梅花牛排單面煎 3 分鐘，接著將牛排翻面後，用剪刀剪適當大小。

5　加入彩椒、四季豆、中濃醬翻炒 2 分鐘。

6　熄火後，加入奶油，翻炒至奶油溶化。

┌─ 快速 *Tips* ─┐

・事先將蔬菜切好，備在冰箱裡。

・洋蔥丁、蒜片和牛排一起下鍋，邊煎肉排、邊拌炒洋蔥，上菜時間剛剛好。

醬燒牛肉蔬菜捲

類似日式壽喜燒醬汁的醬燒牛肉，
甜甜的肉香，還有蔬菜的爽脆口感，不用沾醬就很夠味，
是能快速上菜的高級日本料亭料理。

冰箱用不完的蔬菜，
就拿來包蔬菜捲吧

🔪 **使用工具** 22cm 不沾平底鍋

◇ 食材（1～2 人份）

美國牛胸腹雪花火鍋肉片 170g

洋蔥半顆（磨成泥）

彩椒絲 30g

白糖 1 小匙

味醂 50c.c.

中式醬油 30c.c.

蔥花適量

🍲 HOW TO MAKE

1　將中式醬油、味醂、白糖混合均勻成調味醬備用。

2　在平底鍋倒入沙拉油（份量外）並加熱，放入肉片煎 10 秒。

3　肉片翻面後淋上 5c.c. 調味醬，燒煮 10 秒後取出。

4　將洋蔥泥與剩餘的調味醬倒入鍋內煮 30 秒，備用。

5　將肉片鋪平，放上彩椒絲並捲起，淋上作法 4 的醬料，加點蔥花，在家就能享受日本料理。

美味Tips

蔬菜可選擇爽脆口感，例如：小黃瓜、洋蔥、彩椒。

41

咖哩牛肉

沒時間煮晚餐，就會端出這道咖哩牛肉，因為方便又快速，

且只要把洋蔥炒出甜味，加入方便咖哩塊，

烤一塊吐司沾著咖哩醬，也很適合。

鮮奶油可以讓咖哩的味道
更滑順、濃郁

食材（1～2 人份）

牛梅花肉 130g	研磨海鹽適量
洋蔥半顆（切片）	黑胡椒適量
咖哩塊 ¼	橄欖油適量
無鹽奶油 10g	鮮奶油 30c.c.
月桂葉 2 片	開水 100c.c.
昆布粉 ¼ 小匙	

HOW TO MAKE

1　將牛梅花肉和研磨海鹽、黑胡椒、橄欖油混合，並靜置 5 分鐘。

2　將牛肉放入鍋內，把兩面煎至 5 分熟後取出備用。

3　接著將切片洋蔥及無鹽奶油放入湯鍋中，拌炒約 5 分鐘。

4　依序加入開水、月桂葉、昆布粉煮滾，放入咖哩塊攪拌均勻及熄火。

5　取出月桂葉，咖哩洋蔥醬用手持式食物攪拌棒打成泥狀。

6　將咖哩泥倒回湯鍋中，加入鮮奶油，以及剪成入口適中的牛肉塊，並攪拌均勻。

美味Tips

用手持式食物攪拌棒將咖哩洋蔥醬打成泥，咖哩醬的味道就會更濃厚。

豬肉

10 分鐘

和風櫛瓜豬肉捲

如果半夜飢腸轆轆，那就把肉片包上櫛瓜絲捲起來，

放到平底鍋乾煎，淋上和風醬汁，收汁就入味，不用醃肉，

低卡低醣深夜食堂料理，不用竹籤的豬肉串燒，只要 10 分鐘。

把蔬菜包起來吃，
爽口有滿足感

使用工具 22cm 不沾平底鍋

食材（2 人份）

腰內肉 175g	醬油 10c.c.
櫛瓜 70g	味醂 15c.c.
青蔥 1 根	香油 1c.c.

海鹽適量
黑胡椒適量
昆布粉 3g

HOW TO MAKE

1 將腰內肉切成 6 等份，用肉錘拍打成薄片。

2 將櫛瓜刨絲、蔥切成蔥花備用。

3 接著把肉片兩面以海鹽及黑胡椒調味，把肉
   鋪平放入櫛瓜絲捲起，並串上牙籤。

4 平底鍋加熱，放入少許沙拉油（份量外）及
   櫛瓜肉捲煎熟。

5 倒入事前混合的醬油、味醂、昆布粉醬煮，
   收乾醬汁，熄火淋上香油。

6 盛盤後撒上蔥花。

快速 Tips

肉捲加熱時，蓋上鍋蓋，可以幫助蔬菜快
速熟透，豬肉不會過老。

男子的味噌豚肉野菜燒

如果沒時間炒三道菜，那就把肉片與蔬菜加味噌醬汁混合入味。
只要把所有的食材一次倒進平底鍋加熱，不用再調味，馬上就能開飯，
香嫩豬肉、爽脆的蔬菜，扒飯指數 100%！

不用考慮下鍋的順序，
越煮越入味

46

🐰 **使用工具** 22cm 不沾平底鍋

✎ 食材（1～2 人份）

胛心豬肉片 200g	味噌 2 大匙
鴻禧菇 50g	味醂 2 大匙
高麗菜 100g	米酒 1 大匙
青蔥 5g	醬油 ½ 小匙
	韓國芝麻香油 1 小匙

（味噌醬汁）

🍳 HOW TO MAKE

1 將味噌醬汁的食材混合均勻備用。

2 接著將蔬菜洗淨，高麗菜切片、鴻禧菇手撕成條、青蔥切段。

3 取一器皿，把肉片與味噌醬汁混合，加入蔬菜攪拌，放入冰箱冷藏 30 分鐘。

4 平底鍋加熱，放入所有的食材，拌炒煮熟即完成。

美味 Tips

把所有的食材與醬汁攪拌均勻再下鍋，蔬菜會充滿了肉香。

快速 Tips

前一天將肉先醃好，下鍋前把蔬菜放入和肉片混合，就能快速料理。

 10分鐘

韓式辣炒豬肉

利用韓式辣醬醃肉的作法,調和過的辣醬會降低辣度,增加香氣,
把醃肉醬和肉片抓均勻,加熱時不需要再調味,煮熟就可以上桌,
甜甜又辣辣,可搭配白飯或包生菜。

有清脆感的黃豆芽,
吃起來更帶勁

食材（1～2 人份）

豬里肌 240g

有機黃豆芽 70g

洋蔥 ¼ 個

青蔥 1 根

韓式醃肉醬

蒜頭 1 瓣（壓成泥）

韓式辣醬 1 大匙

韓國辣椒粉 1 小匙

蜂蜜 1 小匙

韓國芝麻香油 1 小匙

中式醬油 1 小匙

HOW TO MAKE

1 　將韓式醃肉醬的食材攪拌均勻備用。

2 　接著將豬里肌切成 3 等份。

3 　將洋蔥、青蔥切絲與豬里肌一同放入玻璃碗
中，倒入韓式醃肉醬攪拌均勻，並放入冰箱
冷藏 1 小時以上。

4 　將黃豆芽洗淨與醃過的豬肉一同放入平底鍋
中，開火加熱拌炒把肉片煮熟即可上桌。

美味Tips

容易加熱就乾柴的豬里肌，加入醃肉醬可以軟
化肉質，更嫩口。

快速Tips

冰箱的常備醃肉，先準備好，隨時拿出來
就可以馬上料理。

青蔥美乃滋漢堡排

漢堡排是我最常做的晚餐，

做法容易又省時，還有肉肉的滿足感，

一口咬下還會爆漿喔！

把麵包粉與牛奶
放進去絞肉中，
漢堡排更鬆軟多汁

🥢 **使用工具** 22cm 不沾平底鍋

🏷️ 食材（1～2 人份）

豬細絞肉 150g　　　　　蔥花適量

調味醬
雞蛋 1 顆　　　　　　　芝麻粒適量
麵包粉 2 大匙　　　　　日式美乃滋適量
海鹽 1 小撮　　　　　　大阪燒醬 3 大匙
研磨黑胡椒 1 小撮　　　番茄醬 2 大匙
牛奶 2 大匙　　　　　　中式醬油 2 小匙

🍲 HOW TO MAKE

1　取一小碗，倒入牛奶和麵包粉，浸泡約 2 分鐘，
　接著陸續放入調味醬其他食材，攪拌均勻備用。

2　將豬細絞肉與漢堡肉排調味醬混合攪拌至水分
　完全吸收。

3　把調味過後的絞肉分成兩等份，放入冰箱冷藏
　1 小時以上。

4　大阪燒醬、中式醬油、番茄醬攪拌均勻備用。

5　把冷藏過後的漢堡肉放在手掌並拍打成型，然
　後在肉排中間往下壓出一個凹處。

6　在平底鍋放入沙拉油（份量外）和拍打成型的
　漢堡肉排，蓋上鍋蓋用中小火慢煎 5 分鐘，再
　翻面加鍋蓋煎 5 分鐘。

7　在肉排上淋上步驟4調味醬，兩面均沾上醬汁。

8　將漢堡排盛盤，擠上美乃滋，放入蔥花、芝麻
　粒。

快速 *Tips*

　煎肉排時如果蓋上鍋蓋，能讓肉排中間快速熟透，並且鎖住肉汁。

香料番茄肉丸子

一次用不完的漢堡肉排，可以捏成肉丸子，節省烹調時間，
和濃厚的香料番茄醬汁一起熬煮，
只要收乾醬汁，就能搭配麵包當開胃菜。

酸酸甜甜的醬汁
有蔬果香

🏷 食材（1～2 人份）

漢堡肉排調味絞肉 150g
（請參考 P50 青蔥美乃滋
漢堡排的作法）

新鮮番茄 ½ 個

洋蔥 ¼ 個

無鹽奶油 20g

有鹽奶油 5g

調味醬｜

番茄糊罐頭 60g

黑胡椒 1 小撮

月桂葉 2 片

義大利香料 1 小撮

番茄醬 2 小匙

中濃醬 2 小匙

中式醬油 1 小匙

🍳 HOW TO MAKE

1　將番茄、洋蔥切丁備用。

2　把無鹽奶油放入平底鍋加熱融化，加入洋蔥丁炒約 1 分鐘至軟化，並移到鍋緣。

3　將調味絞肉捏成小肉球，放入鍋內用中小火慢煎約 5 分鐘至焦香。

4　接著放入番茄丁、調好的調味醬，用小火慢煮約 5 分鐘至收乾醬汁。

5　關火後加入有鹽奶油攪拌均勻。

美味Tips

用中濃醬，能做 P38 奶油醬燒牛肉、P58 奶油茄汁雞肉、P68 紐奧良風杏鮑菇燴淡菜、P74乾燒奶油咖哩蝦、P82 臘味起司時蔬三明治、P88 奶油蒜香蘑菇

┌─ 快速 Tips ─┐
　把食材變小，就能讓肉丸子快速熟透。
└───────────┘

雞肉

⏱ 10分鐘

麻油鹽蔥雞肉串

在家吃串燒也需要儀式感,把新鮮的雞柳切丁再串起來更方便料理,
一次翻面可以掌握熟度,微焦脆的口感,只要簡單調味就 OK！
半夜肚子餓,不用去居酒屋,就做這個吧！

充滿韓風的鹽蔥雞肉串,
用芝麻油更香

使用工具 22cm 不沾平底鍋

食材（1～2人份）

雞柳條 1 盒

蔥 1 根（切蔥花）

研磨海鹽適量

黑胡椒適量

韓國芝麻油 2 大匙（約 30c.c.）

HOW TO MAKE

1 用紙巾擦乾雞柳，以刀子去除筋膜，並灑上
  研磨海鹽、黑胡椒。

2 蔥花、韓國芝麻油、研磨海鹽事前先混合均
  勻備用。

3 將雞肉切成小塊，用竹籤串上。

4 準備平底鍋加入沙拉油（份量外），用中小
  火將雞肉串兩面烤 3 ～ 5 分鐘至焦黃色。

5 取出雞肉串，淋上步驟 2 調味醬即完成。

快速 Tips

· 把雞肉先處理好，調味後串上竹籤，放
  在冰箱冷藏。

· 煎烤時加蓋，可以讓雞肉快速熟透。

花雕雞炒年糕

天冷的時候，就會煮花雕雞，
花雕酒和雞肉一起燴煮，香氣特別獨特，
把年糕放進去煮，濃稠的醬汁，不用勾芡就很入味。

🍴 **使用工具** 24cm 不沾平底鍋

🏷️ 食材（1～2人份）

雞腿肉 300g	醃料 ─ 花雕酒 1 小匙
韓式年糕 100g	醬油 1 小匙
薑片 5g	
青蔥 1 根	調味 ─ 白糖 1 小匙
麻油 2 小匙	花雕酒 1 大匙
	醬油 1 大匙
	水 50c.c.

🍲 H O W T O M A K E

1　取兩小碗，事先將醃料、調味料各自攪拌均勻；青蔥切段備用。

2　將醃料與雞腿肉混合醃製 15 分鐘。

3　在平底鍋倒入麻油，並放入薑片爆香。

4　接著放入雞腿肉煎熟，加入年糕、調味料，拌炒微收乾醬汁，撒入蔥段即完成。

美味*Tips*

・年糕使用前要先清洗。

・年糕放入後，要不時攪拌才不會黏鍋。

2

4-1

┌─ 快速*Tips* ─

・前一晚將醃料與雞腿肉先醃製好，放入冰箱冷藏備用。

・年糕事先煮熟備用，燒煮時釋放出澱粉，讓醬汁變濃稠，可以節省勾芡的步驟。

4-2

奶油茄汁雞肉

充滿奶油香的茄汁雞肉，
可做熱壓吐司的夾餡，或是直接沾麵包，就能當作前菜，
酸酸甜甜的醬汁，超級開胃。

沒有厚重粉感的片栗粉，
能快速包住醬汁

🍴 **使用工具** 22cm 不沾平底鍋

🏷 食材（1～2 人份）

雞胸肉 130g	去皮整顆番茄罐頭 150g
洋蔥半顆（切丁）	中濃醬 30c.c.
有鹽奶油 10g	
片栗粉 1 小匙	
研磨黑胡椒適量	
海鹽適量	

🍲 HOW TO MAKE

1　將雞胸肉切片放入保鮮盒中，並撒上海鹽、
　　黑胡椒調味，接著加入片栗粉搖晃均勻。

2　番茄泥、中濃醬攪拌好備用。

3　在平底鍋倒入少許油（份量外），加入洋蔥
　　丁、雞肉，以中小火煎約 5 分鐘至熟透。

4　將步驟 2 調味醬倒入鍋中煮 5 分鐘，等待醬
　　汁收乾，關火放入有鹽奶油，攪拌至融化。

快速 Tips

・雞胸肉切片可以快速熟透。

・用不完的去皮整顆番茄罐頭，可以打成
　泥狀，倒入製冰盒中，放入冰箱冷凍，
　製作成冰塊狀保存，料理時可以從冷凍
　庫取出解凍。

Cook more

⏱ 15分鐘

派對優格咖哩雞小腿

肉球狀的雞小腿，不只可愛，也方便吃。

用優格和咖哩粉馬殺雞後，容易乾硬的雞小腿變得又軟又香，

是派對上最搶手的開胃菜。

不用啃，
一口就能把肉咬下來

使用工具 氣炸鍋

食材（2 人份）

雞小腿 330g (約 6 ～ 7 支)

日式咖哩調理包 40g

無糖優酪乳 80c.c.

HOW TO MAKE

1　將雞小腿洗淨用紙巾擦乾，並用刀子切開，把雞肉往上推成球狀。

2　取一小碗，將無糖優酪乳與咖哩粉混合均勻。

3　將雞小腿放入步驟 2，送進冰箱冷藏 1 小時。

4　將冷藏後的雞小腿取出放置室溫 10 分鐘。

5　接著放入氣炸鍋，以 180 度氣炸 12 ～ 15 分鐘即完成。

美味Tips

常備的優酪乳也能取代優格軟化雞肉。

快速Tips

· 前一晚先將雞小腿醃好放冰箱，開飯前，只要把食材直接放入氣炸鍋氣炸即可。

· 氣炸 12 分鐘即熟透。也可先暫停，打開觀察烘烤程度，再調整氣炸時間。

⏱ 15 分鐘

鹽蔥雞翅

炸雞翅是居酒屋最熱門的下酒菜，
利用調味的炸雞粉放在保鮮盒中搖晃均勻，免沾手又快速，
隨時從冰箱拿出來，放到氣炸鍋內，就能快速上菜。

不用油炸的雞翅，
也擁有酥脆的口感

使用工具 氣炸鍋

食材（1～2 人份）

雞翅 250g

蔥 1 根（切蔥花）

炸雞粉 30g

海鹽 ¼ 小匙

芝麻油 2 小匙

HOW TO MAKE

1　用紙巾將雞翅擦乾，放置保鮮盒中，加入炸
　　雞粉搖晃均勻，接著放入冰箱冷藏 1 小時以
　　上。

2　將冷藏過後的雞翅取出，淋上橄欖油（份量
　　外）攪拌均勻，放入氣炸鍋以 180 度氣炸 15
　　分鐘。

3　將蔥花、芝麻油、海鹽混合均勻，淋在炸雞
　　翅上。

美味Tips

淋上一些橄欖油再氣炸，雞翅會更香酥。

快速 Tips

用刀子把雞皮劃開，醃料會更快入味。

海鮮

🕙 10分鐘

櫻花蝦起司蔬菜煎餅

充滿台味的大阪燒，重現日本大阪經典的風味小吃，
雞蛋和麵粉能把食材結合在一起，加入大量蔬菜與東港三寶櫻花蝦，
煎餅多了櫻花蝦的香氣，別有一番風味。

充滿海味的櫻花蝦，
添增了煎餅的香氣

✂️ **使用工具** 22cm 不沾平底鍋

🏷️ 食材（1 人份）

高麗菜絲 100g	油炸麵球 10g
櫻花蝦 5g	柴魚 1 小包
雞蛋 1 顆	鰹魚粉 2g
青蔥 1 根（切蔥花）	日式美乃滋適量
起司絲 20g	大阪燒醬適量
低筋麵粉 20g	米酒 3c.c.

🍳 HOW TO MAKE

1 用少量的油（份量外）熱鍋，放入櫻花蝦爆香，以及米酒提升香氣，取出備用。

2 取一小碗，放入雞蛋、低筋麵粉、鰹魚粉混合均勻。

3 再取一玻璃碗，加入高麗菜絲、櫻花蝦、油炸麵球、起司絲攪拌均勻。

4 在平底鍋裡倒少量油（份量外）熱鍋，放入麵糊，小火加熱，兩面各煎 5 分鐘。

5 煎餅取出後，加上大阪燒醬、日式美乃滋、蔥花、柴魚。

快速 *Tips*

麵糊需要充分攪拌均勻再放入平底鍋中，翻面可使用二支鍋鏟輔助，一次就能翻面成功。

香料蝦仁蔬菜串

朋友來家裡聚餐，肯定要端出這一盤，
清爽又開胃，一人一串剛剛好！
只要放上喜歡的食材，簡單的海鮮串立刻就能上桌。

乾爽的海鮮 + 蔬菜，
串上鳳梨一起烤更多汁

🍴 使用工具 氣炸鍋

🔖 食材（1～2 人份）

白蝦 4 隻　　　　　研磨海鹽適量
櫛瓜半根　　　　　黑胡椒適量
鳳梨 2 塊　　　　　橄欖油 2 小匙
彩椒半顆
義大利香料 ¼ 小匙

HOW TO MAKE

1　將櫛瓜、彩椒切適當大小；白蝦剝殼開背去
　　腸泥備用。

2　將彩椒、鳳梨、櫛瓜、蝦仁依序串入烤串上。

3　在烤肉串撒上義大利香料、研磨海鹽、黑胡
　　椒及橄欖油。

4　接著將烤肉串放在雙層烤架上，放入氣炸鍋
　　以 200 度氣炸 8 分鐘。

美味Tips
選擇當季的水果搭配蔬菜也OK！

快速Tips
選擇冷凍剝殼蝦仁，可以簡化處理蝦仁的
步驟。

10 分鐘

紐奧良風杏鮑菇燴淡菜

超市冷凍區不可錯過的急凍鮮物，
淡菜、扇貝、花枝都適合，搭配杏鮑菇更好吃，
只要川燙拌上香辣醬汁，利用拌醬取代烘烤的繁複費工。

不用到漁港，
滿滿的大海鮮滋味

使用工具 22cm 不沾平底鍋

食材（1～2 人份）

紐西蘭半殼淡菜 250g
（約 10～11 個）

杏鮑菇 85g

牛番茄 1 個（切丁）

蒜頭 2 瓣（切末）

九層塔 5 片

無鹽奶油 10g

紐奧良醬
紐奧良粉 2 小匙
檸檬汁 1 小匙
番茄醬 2 小匙
中濃醬 2 小匙
水 2 小匙

HOW TO MAKE

1　將淡菜解凍後，用清水沖洗，放入熱鍋中川燙 3～5 分鐘。

2　將杏鮑菇、蒜末放入平底鍋中，加入奶油拌炒約 3 分鐘至熟透。

3　接著依序加入去籽牛番茄丁、九層塔、紐奧良醬，拌炒均勻。

4　將川燙後的淡菜與醬汁混合攪拌，盛盤加入九層塔點綴。

美味 Tips

用杏鮑菇取代洋蔥，可以降低辛辣感，口感更多層次。

快速 Tips

使用急凍海鮮，只要解凍、沖洗後馬上就能使用。

醬燒魚板

韓國魚板是韓國路邊攤經常可見的小吃，
不只能煮湯，切成絲能當作小菜、紫菜包飯的配料，用途相當廣，
加上甜甜的醬汁拌炒，是很棒的下酒菜。

韓國餐桌必備小菜

🐰 **使用工具** 玉子燒鍋

✎ 食材（1～2人份）

韓式魚板 2 片
韓國芝麻粒少許
白糖 1 小匙
味醂 2 小匙
中式醬油 1 小匙
韓國芝麻香油 ½ 小匙

🍳 HOW TO MAKE

1　從冷凍庫取出魚板放置常溫 5 分鐘，切成絲備用。

2　把切成絲的魚板放入玉子燒鍋中，用小火乾炒 2 分鐘。

3　接著加入白糖繼續炒 1 分鐘。

4　接續倒入味醂、中式醬油，拌炒約 2 分鐘至醬汁收乾。

5　起鍋前放入芝麻香油拌炒一下，完成後撒上芝麻粒。

快速 Tips

魚板可切片或切絲，切絲能更快吸收醬汁。

⏱ 10 分鐘

檸檬美乃滋炸蝦

日式炸雞粉不只能炸雞,用來炸蝦能鎖住蝦肉的甜味,
肉質細嫩,搭配檸檬美乃滋還可以解膩,
只要油炸 5 分鐘就能上菜。

鹹香的薄皮麵衣,
酥脆又夠味

使用工具 迷你牛奶鍋

食材

大白蝦 12 隻

雞蛋 1 個

彩椒丁 5g

炸雞粉 70g

日式美乃滋 1 大匙（15ml）

檸檬汁 ¼ 小匙（2.5ml）

HOW TO MAKE

1 將白蝦剝殼開背去腸泥，在蝦子腹部三處用刀子劃開，不切斷。

2 取一玻璃碗，放入雞蛋與炸雞粉混合均勻。

3 將蝦子放到炸雞麵糊中攪拌均勻。

4 接著把裹上麵糊的蝦子放入油鍋炸 5 分鐘。

5 再取一小碗，放入美乃滋、檸檬汁、彩椒丁攪拌均勻做成沾醬，炸蝦加上檸檬美乃滋超美味！

美味Tips

腹部切三刀，可以防止蝦子油炸後捲曲。

快速Tips

利用現成的炸雞粉，不用醃就能直接油炸。

10 分鐘

乾燒奶油咖哩蝦

西式混合日式的洋食醬汁，讓人吮指回味的手抓咖哩蝦，
用簡單的醬汁就能做出濃郁口感，煮熟也能順便把醬汁收乾，
一上桌，忍不住想多吃二碗白飯。

🐰 **使用工具** 24cm 不沾平底鍋

🏷️ 食材（1～2 人份）

白刺蝦 250g	調味咖哩粉 20g
洋蔥半顆（切丁）	番茄醬 1 大匙
蒜頭 2 瓣（壓成泥）	中濃醬 1 大匙
無鹽奶油 30g	開水 30c.c.

（調味醬）

🍲 HOW TO MAKE

1 將白蝦剝殼去除腸泥，用紙巾按壓擦乾，沿著蝦背把蝦殼剪開；調味醬食材混合均勻備用。

2 將奶油、洋蔥丁、蒜泥一同放入平底鍋中炒 1 分鐘，把洋蔥炒軟。

3 接著放入蝦子翻炒至半熟，倒入調味醬拌炒並收乾醬汁。

美味 Tips

先把蝦子開背，燴煮時讓醬汁滲進蝦肉中，更入味。

━ 快速 Tips ━

蝦子事先開背去腸泥處理好，放入冰箱冷藏備用。

⏱ 15 分鐘

大阪風花枝燒

想吃大阪熱門的小吃章魚燒時,就會把花枝丸放到氣炸鍋內,

只要 10 分鐘,淋上章魚燒必備的沾醬,

馬上就能感受一顆顆圓滾滾的花枝燒,不用出國也能享受美味。

不用去夜市,
有花枝塊的花枝丸
最適合做這道菜

使用工具 氣炸鍋

食材（1～2人份）

冷凍花枝丸 6 顆　　　　大阪燒醬適量

青蔥 1 根（切蔥花）　　日式美乃滋適量

雞蛋液 5c.c.（可省略）　橄欖油 1 小匙

海苔絲適量

番薯粉 2 小匙

玉米粉 2 小匙

HOW TO MAKE

1　把冷凍花枝丸放入保鮮盒中，淋上橄欖油或
　　蛋液攪拌均勻。

2　取一小碗將番薯粉、玉米粉混合均勻，倒入
　　步驟 1 保鮮盒，蓋上盒蓋並上下搖晃，讓花
　　枝丸全部沾上粉。

3　將沾上粉的花枝丸放入氣炸鍋，以 180 度氣
　　炸 10～13 分鐘。

4　完成後取出花枝丸，淋上大阪燒醬、日式美
　　乃滋、海苔絲、蔥花。

美味Tips

・花枝丸沾裹蛋液，口感會更香脆。

・少量的玉米粉可以增加酥脆感，讓花枝丸穿
　上一層外衣，如章魚燒口感。

・家裡只有大阪燒醬也能取代章魚燒醬，多了
　甜味，更降低章魚燒醬原本的酸度，更順
　口。

15 分鐘

奶油杏仁鮭魚菲力

時間不夠充裕，又想吃魚肉時，我會把鮭魚排直接放入氣炸鍋內，

只要把食材簡單混合，香脆的酥烤鮭魚快速就能上桌，

適合料理新手不會煎魚肉的懶人作法。

料理新手也能端出這盤
超吸晴的西式料理

✂️ **使用工具** 氣炸鍋

🧂 食材

鮭魚菲力1片（約225g）　　黑胡椒粒適量

杏仁脆粒30g　　　　　　　白酒1小匙

乾燥洋香芹適量

有鹽奶油30g

海鹽適量

🍳 HOW TO MAKE

1　取一小碗，放入事先放置室溫軟化的有鹽奶
　　油、杏仁脆粒、乾燥洋香芹混合均勻備用。

2　先用紙巾將鮭魚菲力擦乾，加入海鹽、黑胡
　　椒粒、白酒調味。

3　接著將鮭魚的魚皮面朝下，放在不沾烤盤
　　上，在鮭魚上放入步驟1的醬料。

4　將烤盤放入氣炸鍋，以180度氣炸12分鐘。

美味*Tips*

在氣炸鮭魚時，可以準備自己喜歡的蔬菜一起
加入氣炸。

快速*Tips*

事先將有鹽奶油軟化，就能迅速與杏仁脆
粒混合均勻。

10分鐘

味噌烤豆腐

用咖啡攪拌棒當作竹籤，煎烤豆腐更容易，
只要翻面四次，就能把豆腐煎烤的酥脆，放上常備的味噌醬，
馬上變為日式居酒屋熱門的開胃菜。

用烤箱加熱的味噌醬，
會留住燒烤的香氣

使用工具 22cm 不沾平底鍋 + 烤箱

🏷️食材（2 人份）

板豆腐 2 塊（120g）	芝麻 1g
蔥 1 根（切蔥花）	味噌 15g
芝麻 1g	白糖 3g
起司 1 片	米酒 10g
	味酥 15g
	韓國芝麻香油 5c.c.

味噌醬

🍲 HOW TO MAKE

1 把味噌醬的食材混合均勻，放入平底鍋，以小火加熱至濃稠，取出備用。

2 把板豆腐切長塊，用紙巾擦乾，放到平底鍋煎焦脆。

3 在板豆腐上抹上味噌醬，送進小烤箱以 230 度加熱 3 分鐘。

4 完成後放上蔥花、芝麻、起司片。

美味Tips

充滿日式風格的烤豆腐，是京都的必備菜，將甜甜的味噌醬，放在豆腐燒烤是有趣的創意吃法。

快速Tips

事先準備好烤味噌醬，放在冰箱當常備醬料，燒煮肉片也能用。

2

3-1

3-2

臘味起司時蔬三明治

不想吃冰冰涼涼的蔬菜三明治時，就把蔬菜放到烤箱內烤熟！

經過烘烤，充滿水分的蔬菜，多汁又香甜，

加一片起司，風味可是充滿了華麗感。

多國的食材結合，
充滿了驚喜感

食材（1 ～ 2 人份）

臘肉片 30g	起司 1 片
櫛瓜 ⅓ 條	研磨海鹽適量
彩椒 ⅓ 個	黑胡椒粒適量
香菇 1 ～ 2 朵	橄欖油 1 茶匙
白吐司 2 片	中濃醬 ½ 茶匙

HOW TO MAKE

1 將蔬菜櫛瓜、彩椒、香菇切適當大小；白吐司切邊備用。

2 將切塊後的蔬菜與臘肉片，放入不沾玉子燒鍋內，加入橄欖油、海鹽、黑胡椒粒調味，攪拌均勻後放入烤箱。

3 將起司放在白吐司上，一同放入烤箱內，烤溫調整至 260 度，烘烤 5 ～ 6 分鐘。

4 完成後取出，將蔬菜放在吐司上，淋上中濃醬，蓋上另一片吐司，並且包上烘焙紙對切，簡單又好吃。

美味Tips

只要一張烘焙紙，利用包糖果的方式，就能直接用手拿著吃。

快速 Tips

蔬菜切小塊、小片，就能均勻受熱。

涼拌小松菜野菇竹輪

炎熱夏天在廚房準備晚餐，能少做一道菜的偷懶料理。
把三道菜的食材結合，用川燙取代拌炒，只要簡單調味就能上桌，
做好放在冰箱，當作涼拌菜也 OK ！

豐富的涼拌菜，
也可以做便當菜

食材（1～2 人份）

小松菜 80g

鴻禧菇 80g

竹輪 1 個

鰹魚醬油 10c.c.

韓國芝麻香油 ¼ 小匙

HOW TO MAKE

1 將小松菜洗淨切段、竹輪輪切、鴻禧菇手撕成條備用。

2 湯鍋裝水煮至微滾，放入小松菜莖部、鴻禧菇川燙 2 分鐘。

3 接著將菜葉、竹輪放入川燙 1 分鐘。

4 將所有的食材撈起瀝乾，加入鰹魚醬油、芝麻香油攪拌均勻。

美味Tips

・鰹魚醬油拌蔬菜、麵條都很適合。

・鰹魚醬油也能用鰹魚粉、醬油取代。

・加入魚片或雞肉，更有滿足感。

和風胡麻涼拌四季豆

一年四季都能吃到的四季豆,夏天就拿來做涼拌菜吧!

我喜歡自己做醬料,甜一點、酸一點都能隨心所欲的調整!

不用多花時間,今晚餐桌上就來點透心涼!

冰箱必備的涼拌菜,
清爽又開胃

🐰 **使用工具** 18cm 湯鍋

✎ 食材

四季豆 150g

熟芝麻粒 1 大匙

海苔粉 1 小撮

胡麻醬

日式美乃滋 50g

味噌 10c.c.

熟芝麻 30g

海苔粉 1g

糖 5g

鹽巴 1g

醬油 10c.c.

米醋 15c.c.

🍳 HOW TO MAKE

1　將四季豆斜切，放入滾水中煮 3 分半鐘，瀝乾泡入冰水 5 分鐘，再瀝乾放入冰箱冷藏。

2　想吃的時候，只要在四季豆表面淋上胡麻醬就是一道料理。

胡麻醬

1　將熟芝麻放入研磨缽內，用磨棒磨成粉末。

2　把海苔粉、中式醬油、白醋、味醂、日式美乃滋放入醬料碗內，加入研磨成粉狀的芝麻，攪拌均勻，放入冰箱冷藏半小時以上。

美味*Tips*

使用現磨熟芝麻粒，磨香不磨細，帶有微顆粒感佳。

奶油蒜香蘑菇

一咬會噴汁的蘑菇，散發出奶油香氣，用中濃醬取代伍斯特醬，
做法簡單，是搭配麵包、暖沙拉的好食材，
只要把蘑菇乾煎至熟透，就是餐桌上的美味料理。

整顆蘑菇加熱後，
可是充滿水分

食材（1人份）

蘑菇 100g

蒜頭 1 瓣（切末）

無鹽奶油 5g

研磨海鹽適量

黑胡椒適量

中濃醬 1 小匙

HOW TO MAKE

1　用紙巾將蘑菇擦拭乾淨，去除蒂頭備用。

2　在平底鍋中倒入橄欖油（份量外），用中小火加熱，放入蘑菇乾煎至熟透，並熄火。

3　接著放入蒜末、中濃醬、無鹽奶油、海鹽、黑胡椒混合調味。

美味 Tips

・最後再加入無鹽奶油，能讓奶油的香氣停留在蘑菇上，也可以使用有鹽奶油。

・保留蘑菇的完整性，兩面各煎4分鐘，蘑菇的香氣就不會流失。

・熄火再加入醬汁，可以留住食材的原味。

快速 Tips

油鍋加熱後，再放入蘑菇，能縮短蘑菇加熱的時間，水分不易流失

10分鐘

鰹魚風芝麻拌菠菜

菠菜的產期在 10 ～ 4 月，富含營養價值，適合川燙後再料理，

調味後加入研磨的芝麻粉，是日式的家常料理，

夏天可以使用小松菜或油菜取代。

使用工具 26cm 不沾平底鍋

食材

菠菜 1 把

韓國芝麻粒 1 小匙

鹽巴 ½ 小匙

鰹魚風味醬油 2 小匙

日式芝麻香油 ½ 小匙

HOW TO MAKE

1 將韓國芝麻粒倒入小鉢中，磨成細粉備用。

2 用平底鍋裝水至 7 分滿，煮滾轉小火，加入
鹽巴。

3 將洗淨的菠菜連根放入湯鍋中川燙 1 分鐘。

4 將川燙後的菠菜水分瀝乾，根莖部切成小
段。

5 加入鰹魚風味醬油、芝麻香油及步驟 1 的芝
麻粉，攪拌均勻即能上桌。

美味Tips

・菠菜的葉部，還可以做一道小菜，請參考
P98胡麻菠菜捲。

・川燙後的蔬菜，可用手將水分擠乾，醬汁才
更入味。

・綠色蔬菜，例如小松菜、花椰菜都適合這種
料理方法。

鹹豬肉焗烤馬鈴薯

放假實在懶得煮，又想吃異國早午餐，
突然想到冰箱還有臘肉，把馬鈴薯切片加上番茄糊，再加一顆雞蛋，
放入烤箱只要 10 分鐘，烘烤的時間，還可以煮一杯咖啡。

加一顆雞蛋一起烘烤，
一整天都充滿活力

🐰 使用工具 烤箱

🖊 食材（1～2 人份）

澳洲馬鈴薯 2 顆	迷迭香 1 根
牛番茄 1 顆	義大利香料適量
臘肉切片 40g	黑胡椒粒適量
雞蛋 1 顆	海鹽適量
起司絲 30g	番茄糊 70g
起司片 1 片	橄欖油 10c.c.

🍳 HOW TO MAKE

1　將馬鈴薯去皮切片，放入微波爐設定 4 分鐘蒸熟。

2　再把牛番茄、起司切片備用。

3　將馬鈴薯放在烤皿中，依序放入番茄、起司片、臘肉片、番茄糊、橄欖油。

4　接著加入黑胡椒粒、海鹽、義大利香料、雞蛋；最後撒上起司絲、迷迭香。

5　最後把烤皿放入烤箱中，以 280 度烤 10 分鐘。

美味Tips

・用臘肉取代培根，鹹香夠味。

・喜歡半熟蛋的話，烤5分鐘後，再把雞蛋放入。

快速 Tips
事先把馬鈴薯蒸熟就能縮短料理的時間。

10 分鐘

奶油起司甜薯麻吉燒

解凍後的冰烤番薯，加點創意，就能成為桌上的秒殺點心，

加熱後香軟綿密，一口咬下還會爆漿，

甜甜鹹鹹的麻吉燒，是忙碌生活中的幸福滋味。

🐰 **使用工具** 22cm 不沾平底鍋

📝 食材（1 ～ 2 人份）

冰烤番薯 150g

起司片 2 片

糯米粉 30g

全脂牛奶 10c.c.

🍳 H O W T O M A K E

1　將地瓜解凍壓成泥狀，加入糯米粉、全脂牛
　　奶後揉成糰。

2　接著把地瓜糰、起司片分割 4 等份。

3　各別將地瓜糰包入起司片，並壓成扁圓形。

4　在平底鍋放入無鹽奶油（份量外），用小火
　　慢煎至兩面呈焦黃色。

美味 *Tips*

・直接吃或淋上黑糖漿。

・把起司片對切後，再摺疊二次成厚厚的餡料，
　包在地瓜泥中，一口咬下才會爆漿喔！

10 分鐘

烤肉攤的醬燒豆皮

烤肉攤香酥的豆皮串，
用生豆皮慢煎最焦脆，沒有油耗味，淋上甜甜的照燒醬，
只要簡單二個步驟就完成，這樣吃最安心！

甜甜的，
外皮很酥脆

🍴 **使用工具** 24cm 不沾深平底鍋

- -

🏷️食材（1～2 人份）

生豆皮 2 片

白糖 1 小匙

醬油 1 小匙

味醂 1 小匙

水 1 小匙

🥄 H O W   T O   M A K E

1 把生豆皮切成 6 等份。

2 取一小碗，將醬油、水、味醂、白糖混合均
　勻備用。

3 在平底鍋裡倒沙拉油（份量外）加熱，放入
　生豆皮煎至兩面焦脆後取出。

4 在平底鍋放入步驟 2 的調味醬，煮至醬汁收
　乾微濃稠。

5 接著放入豆皮，兩面沾上醬汁即完成。

美味 *Tips*

· 將生豆皮用半煎炸的方式處理，有如炸過的豆
　皮般。

· 把醬汁收乾再放入豆皮，表面才會酥脆。

胡麻菠菜捲

日式居酒屋熱門的開胃菜，作法看似精細，一點都不耗工。

把菠菜連根川燙，就能簡單處理好菠菜的葉部，

淋上胡麻風味醬汁，清爽又有層次！

🍴 **使用工具** 26cm 不沾平底鍋

🥄 食材（1～2人份）

菠菜 1 把

雞蛋 1 顆

海苔 1 張

胡麻醬 10c.c.（可參考 P87 作法）

鹽巴 ½ 小匙

🍲 H O W   T O   M A K E

1　將雞蛋打散，放入平底鍋煎成一張蛋皮放涼
　　備用。

2　用平底鍋裝水至 7 分滿，煮滾轉小火，加入
　　鹽巴。

3　將洗淨的菠菜連根放入湯鍋中川燙 1 分鐘。
　　取出後泡冰水 3 分鐘，再次瀝乾水分，從中
　　間切成二等份。

4　取一張保鮮膜舖平，放上海苔、蛋皮，菠菜
　　葉部。

5　將海苔捲起後用保鮮膜包起來，固定 3～5
　　分鐘。

6　接著把菠菜捲去除頭尾，切成四等份，淋上
　　胡麻醬。

美味 *Tips*

剩下的菠菜後段根部，還可以做成 P90 鰹魚風
芝麻拌菠菜。

 10 分鐘

蒜味花椰菜拌脆香腸

冰箱隨時會存放德式香腸,是做早餐的好幫手!

炒蔬菜想增加豐富感,和德式香腸是意外的組合,一次可享受二種爽脆。

只需要川燙煮熟,瀝乾趁熱拌入喜歡的調味醬料,就是這麼簡單。

適合夏天的爽口組合

使用工具 18cm 湯鍋

🏷️ 食材（1 ～ 2 人份）

花椰菜 120g

德式香腸 2 條（約 80g）

蒜頭 1 瓣（壓成泥）

鹽巴 ½ 小匙

日式鰹魚粉 ½ 小匙

芝麻香油 ½ 小匙

HOW TO MAKE

1　將湯鍋裝水至7分滿，把水煮滾後加入100c.c. 冷水。

2　放入鹽巴及花椰菜，用中小火川燙 3 ～ 5 分鐘。

3　川燙到最後 1 分鐘時，把德式香腸一起放入。

4　煮好後將花椰菜、德式香腸取出瀝乾。

5　加入鰹魚粉、芝麻香油、蒜泥調味，攪拌均勻即完成。

美味Tips

燙青菜的水不需要煮滾，用浸泡熱水的方式，花椰菜會更清脆。

快速Tips

使用冷凍花椰菜也 OK ！

雞蛋

⏱ 10分鐘

高湯玉子燒

日式玉子燒是晚餐經常出現的料理，加入高湯後可以更鮮嫩香軟，
不只能當配菜，也能當作三明治夾蛋、便當菜，
用市售的鰹魚粉取代需花時間熬煮的高湯，快速與美味兼具。

🏷 食材（2～3 人份）

雞蛋 3 顆

鰹魚粉 ½ 茶匙（1.5g）

開水 50c.c.

HOW TO MAKE

1 將所有的材料放到器皿中均勻打散，並用濾網過篩一次。

2 準備玉子燒的鍋子，放入少量的沙拉油（份量外）用中小火加熱，以紙巾擦拭玉子燒鍋內的油，再倒入適量蛋液，煎好捲起後，再倒入第二次蛋液，重複相同動作將蛋液分 5～6 次倒入完成。

3 取出玉子燒並包上保鮮膜，用壽司竹簾固定 3 分鐘。

4 切適當大小，配上漢堡就是美味的一餐。

美味Tips

· 過濾後的蛋液能更均勻倒入玉子燒鍋中。

· 每次將蛋液倒入鍋中，可使用筷子刺破空氣再捲起，可以減少玉子燒每層中間的隙縫。

· 煎蛋捲時，可用擦過油的紙巾再擦拭鍋底，讓蛋捲不易黏鍋。

快速Tips

用鰹魚粉取代熬煮的高湯。

10分鐘

咖哩優格蛋沙拉

新食感！大人的蛋沙拉！
咖哩＋優格，不只能做咖哩醬、軟化雞肉，也能當作優格醬，
簡單又沒有負擔的蛋沙拉，早餐搭配吐司的最佳選擇。

✎ 食材（2 人份）

水煮蛋 3 顆

葡萄乾 3 ~ 4 顆

罐頭玉米 10g

無糖優格 5g

咖哩優格醬 {
脫水優格 50g（請參考 P251 作法）

全脂牛奶 5c.c.

日式美乃滋 10g

咖哩粉 15g
}

HOW TO MAKE

1 將咖哩優格醬的食材混合在一起。

2 水煮蛋用線繩切成二半。

3 將咖哩優格醬與水煮蛋攪拌均勻。

4 完成後加上葡萄乾、無糖優格、玉米粒。

美味*Tips*

· 把水煮蛋切對半，蛋黃就不會和蛋白分開。

· 咖哩優格醬可以當作生菜沙拉的淋醬，搭配水煮蛋一起吃更爽口。

┌ 快速 *Tips* ─

· 平時有空時，煮些水煮蛋備在冰箱，料理隨時可取用。

· 事先將咖哩粉放入 5c.c. 熱水攪拌均勻放涼，可讓咖哩優格醬充分混合。

讓蛋黃在中間的水煮蛋

1 從冰箱取出雞蛋，放入湯鍋中。

2 水的高度蓋過雞蛋。

3 開中火，用湯匙攪拌鍋緣，把水煮滾後，蓋上鍋蓋浸泡 15 分鐘。

4 取出放涼。

和風時蔬竹輪炒蛋

大人、小朋友都喜歡的炒蛋，加了爽脆蔬菜、竹輪，
不只視覺感十足，還能兼顧營養，
也能當作快速便當菜。

脆脆的蔬菜和炒蛋非常的搭，
不知不覺就吃光一碗飯

✎ 食材（1～2 人份）

雞蛋 2 個
碗豆莢 50g
鴻喜菇 40g
竹輪 40g
鹽巴 1g
昆布粉 3g

HOW TO MAKE

1　將碗豆莢去除蒂頭切段、鴻喜菇手撕成條
　　狀，川燙 1 分鐘備用。

2　取一小碗，把雞蛋打散並加入鹽巴，倒入平
　　底鍋翻炒，接著放入切塊竹輪。

3　最後放入川燙蔬菜、昆布粉拌炒。

美味*Tips*

· 可將昆布粉改成 ¼ 小匙（2.5ml）的醬油
· 雞蛋加入少量的牛奶，口感會更鬆軟。

快速*Tips*

　事先把蔬菜川燙熟，放入冰箱冷藏備用。

韓式滷鵪鶉蛋

甜甜的醬香是韓式滷蛋的特色，
隨時準備一盒放在冰箱當開胃菜，
剩下的醬汁能拌飯、拌青菜，肯定是萬用的拌醬。

還好冰箱有蛋，
三餐＋便當都很適合！

使用工具 湯鍋 + 保鮮盒

食材（2～3 人份）

鵪鶉蛋 1 包

白糖 2 小匙

醬油 2 大匙

溫水 50c.c.

HOW TO MAKE

1　先將鵪鶉蛋洗淨備用。

2　煮一鍋滾水，放入鵪鶉蛋川燙 1 分鐘。

3　將醬油、溫水、白糖調味混合均勻。

4　將川燙後的鵪鶉蛋瀝乾，放入保鮮盒中，倒
　　入醬汁，蓋上餐巾紙，蓋上保鮮蓋，放入冰
　　箱冷藏 1 小時。

美味Tips

蓋上一層紙巾，可以讓鵪鶉蛋的醬色更均勻。

快速 Tips

只要簡單泡在醬汁裡就入味，前一晚做好
放在冰箱，隔天就能上桌！

厚燒蛋三明治

咖啡館內最受歡迎的雞蛋三明治，
厚厚的滑嫩煎蛋加上柔軟的吐司，是最幸福的早餐時光。
週末慵懶的早上，不需花太多時間，只要一點小技巧，輕鬆就能完成。

蛋蛋的幸福滋味，
是早餐
也是野餐的人氣好食

🍴 **使用工具** 22cm 不沾平底鍋

🏷️食材（1～2 人份）

雞蛋 3 顆

吐司 2 片

昆布粉 ½ 茶匙

牛奶 30c.c.

🍳 H O W T O M A K E

1 取一小碗，放入雞蛋、牛奶、昆布粉打散混合均勻。

2 在平底鍋倒入沙拉（份量外）油燒熱，倒入全部的蛋液，等待 30 秒。

3 用筷子把蛋液從鍋緣往中心集中，翻面即完成。

4 在吐司上塗抹美乃滋，放上煎蛋，用保鮮膜包起來等待 3 分鐘。

5 將吐司取出切邊，再切對角，美味的早餐就完成了。

美味*Tips*

・剛出爐的吐司不用烤，直接吃就很美味。

・在蛋液中加入牛奶，能讓煎蛋更滑嫩。

・可以在三明治上撒些海苔粉，更具風味。

奶油起司餐肉蛋吐司

韓國路邊攤最熱門的早餐，

用奶油煎吐司特別香脆，加了雞蛋更營養滿分，

一起放進平底鍋加熱，還能節省準備早餐的時間。

充滿奶油香的雞蛋吐司，
早餐新選擇

使用工具 24cm 不沾深平底鍋

食材（1～2 人份）

吐司 1 片	無鹽奶油 1 小塊（約 5g）
韓國餐肉 1 片	鹽巴 1 小撮
豆苗 10g	番茄醬 1 小匙
雞蛋 2 個	美乃滋 1 小匙
起司 1 片	牛奶 10c.c.

HOW TO MAKE

1 把吐司切邊，再切對半；餐肉切丁備用。

2 取一小碗將番茄醬、美乃滋倒入並攪拌均勻。

3 將雞蛋打入攪拌盆，加入牛奶、鹽巴打散，並放入餐肉丁。

4 在平底鍋放入 1 小塊無鹽奶油加熱，倒入蛋液，並放上吐司。

5 趁蛋液未凝固前，將吐司兩面沾上蛋液，並用小火慢煎。

6 將蛋翻面，並把蛋片往內摺與吐司相同大小。

7 接著放入起司片、豆苗、步驟 2 的醬料，再把吐司對折即完成。

快速 Tips

將餐肉丁加入蛋液中，一起加熱，就能加快料理。

楓糖法式吐司

沒時間做早餐的話,睡前就把法國麵包切片浸泡在牛奶蛋液中,

早上起床,只要把麵包放到平底鍋內煎熟,

充滿蛋香又柔軟的麵包,直接把牛奶和雞蛋的營養都補足。

香軟的法式吐司,
吸了滿滿的牛奶蛋液

🐰 **使用工具** 不沾平底鍋

🏷食材（1～2 人份）

法國麵包 ⅓ 個

雞蛋 2 個

無鹽奶油 15g

白糖 10g

牛奶 180c.c.

楓糖漿 10c.c.

🍳HOW TO MAKE

1 取一小碗，放入雞蛋和白糖打散，再加入牛
奶攪拌均勻，並過濾一次。

2 將法國麵包切片，放入保鮮盒中。

3 將過濾的蛋液倒入保鮮盒，蓋上保鮮蓋，放
入冰箱冷藏一晚。

4 保鮮盒取出後，放在室溫 10 分鐘。

5 在平底鍋加入 10g 無鹽奶油，用小火慢煎法
國麵包，將每面煎 3 ～ 5 分鐘。

6 起鍋前加入 5g 無鹽奶油、楓糖漿，並把法
國麵包兩面沾上融化的奶油楓糖。

快速 Tips

前一晚先把麵包放在蛋液中浸泡好，隔天
取出就能使用。

Cook more

15 分鐘

韓式香腸雞蛋捲

蔬菜多多的雞蛋捲是源自韓國的小菜，

隨意加入爽脆的蔬菜，連小朋友不愛吃的紅蘿蔔都能放進去。

另外加了德式香腸，也能當作早餐三明治的快速雞蛋捲。

香軟的雞蛋捲，可以加入任何喜歡的蔬菜丁

🐰 **使用工具** 不沾玉子燒鍋

🔖 食材（2～3人份）

雞蛋 3 顆
德式香腸 1 根
彩椒（紅、黃、橘）各半個
小黃瓜 ⅓ 根
鹽巴 1 小撮

🍳 HOW TO MAKE

1　將雞蛋打入攪拌盆中，並放入 1 小撮鹽巴打散，過濾蛋液備用。

2　將彩椒、小黃瓜切丁，加入蛋液中攪拌均勻。

3　接著把德式香腸頭尾各切除 0.5cm，放入玉子燒鍋中，油煎 2 分鐘後取出。

4　先倒入部分蛋液到玉子燒鍋中，放上德式香腸，等蛋液凝固後捲起。重覆相同動作將蛋液分 3 次倒入。

5　先用保鮮膜包覆蛋捲，再用壽司竹簾捲起利用橡皮筋固定 2 分鐘，完成後取出切片。

美味Tips

・煎蛋的蛋液不宜過薄，讓蔬菜能夠被包覆住。
・料理中想加起司絲、肉片也可以。
・如果想加蘿蔔，建議將蘿蔔切丁炒過再加入蛋液中。

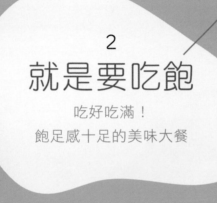

2

就是要吃飽

吃好吃滿！
飽足感十足的美味大餐

10分鐘

肉醬咖哩飯

沒有醬汁的咖哩飯，把醬汁濃縮在肉醬上，
不用花時間熬煮馬鈴薯、紅蘿蔔，
只要用平底鍋把肉炒熟，收乾醬汁，就能快速入味。

搭配蔬菜一起吃
更清爽

🔪 **使用工具** 24cm 不沾深平底鍋

🧂食材（1～2 人份）

細豬絞肉 200g

洋蔥 70g（切丁）

咖哩塊 ¼ 個

調味咖哩粉 20g

開水 70c.c.

🍳 HOW TO MAKE

1 取一玻璃碗，將細豬絞肉、咖哩粉、洋蔥丁混合均勻，送進冰箱冷藏一晚。

2 將冷藏過後的豬絞肉放入平底鍋加熱炒熟，加入咖哩塊及開水，攪拌均勻即完成。

半熟蛋 ─────

1 在湯鍋放入 500c.c. 的水，煮滾後熄火，接著放入 100c.c. 的常溫水。

2 放入 1 顆常溫雞蛋，蓋上鍋蓋悶 10 分鐘。

3 從湯鍋取出雞蛋，放在室溫中 5 分鐘。

4 最後泡入冷水或冰水降溫。

美味Tips

・先將豬絞肉與咖哩粉醃製一個晚上，就能讓絞肉更入味。

・把絞肉放入平底鍋煎出香氣，再弄散成肉末，味道更香。

 10 分鐘

味噌雜菜冬粉

韓式冬粉較粗，有彈性，吸湯汁，不軟爛，冷了也好吃！
多了味噌醬，味道更滑順，
冰箱剩下的蔬菜，就通通都加進去吧。

使用工具 方型煮藝鍋

食材

韓國冬粉（熟）250g

豬肉片 120g

菠菜 1 把（約 150g）

木耳 50g

洋蔥 ¼ 個

鴻禧菇 10g

彩椒或紅蘿蔔 10g

韓國芝麻香油 1 小匙

調味醬

味噌 20c.c.

白糖 2 小匙

蒜頭 2 瓣（壓成泥）

韓國芝麻 1 小匙

味醂 20c.c.

醬油 20c.c.

水 20c.c.

HOW TO MAKE

1 先將菠菜洗淨切段，木耳、洋蔥、彩椒切絲，
  鴻禧菇手撕成條狀備用。

2 把調味醬的食材混合均勻，取 ¼ 的份量加在
  豬肉片中攪拌均勻。

3 接著將洋蔥、鴻禧菇、木耳、有調味醬的肉
  片一起放到鍋中加熱拌炒約 3 分鐘。

4 待豬肉熟透時，放入菠菜、彩椒絲加蓋悶熟
  約 3 分鐘。

5 將食材移到鍋緣，放入熟冬粉，把剩下的調
  味醬倒在冬粉上攪拌均勻後，再和全部的食
  材攪拌，熄火淋上韓國芝麻香油就完成了。

1

5-1

5-2

快速 Tips

· 韓國冬粉可以事先煮熟，放涼備用。

· 材料一起下鍋再開火，節省烹調時間。

10 分鐘

洋蔥野菇牛肉蓋飯

甜甜的醬汁是日式牛丼的作法。
冰箱裡隨時會準備洋蔥、鴻禧菇，只要和肉片一起燴煮，
淋在白飯上，是快速又方便的午餐。

米飯也充滿了
甜甜的醬香

食材

牛胸腹肉 1 盒（約 230g）		昆布粉 1 小匙
洋蔥 1 顆	調味醬	醬油 2 大匙
鴻喜菇 1 包		味醂 2 大匙
珠蔥 1 根		水 200c.c.
熱白飯 1 碗		

HOW TO MAKE

1 將洋蔥切絲，鴻喜菇的根部切掉，手撕成條
狀備用。

2 將調味醬的食材混合均勻。

3 準備平底鍋將沙拉油（份量外）、洋蔥一起
放入加熱炒軟（約 2 分鐘）。

4 接著放入鴻喜菇、醬汁煮滾（約 3 分鐘）。
最後放肉片煮熟，撈出肉末泡。

5 將洋蔥野菇牛肉放在白飯上，香噴噴蓋飯輕
鬆上桌。

美味Tips

・撈出肉末泡，可讓醬汁更清爽。

・半熟蛋請參考P121作法。

10分鐘

茄汁蝦仁蓋飯

新鮮的白蝦適合糖醋的作法，取下的蝦頭可以用來爆香，
酸甜的醬汁，多了奶油、蝦頭香氣，就會讓味道更升級，
直接放在白飯上，超級下飯，不需準備其他配菜。

🐰 **使用工具** 24cm 不沾深平底鍋

✎ 食材

白蝦 6 ～ 7 隻

彩椒 30g

洋蔥 ¼ 個

青蔥 1 根

無鹽奶油 10g

片栗粉或日式太白粉 1 大匙

調味醬

番茄醬 2 小匙

大阪燒醬 2 小匙

味醂 2 小匙

開水 2 大匙

🍳 HOW TO MAKE

1　先將蝦子剎除蝦頭和蝦殼，彩椒切塊、洋蔥切丁、青蔥切成蔥花備用。

2　取一容器，放入調味醬的食材攪拌均勻。

3　在保鮮盒裡放入片栗粉和蝦仁，蓋上保鮮蓋搖晃均勻。

4　在平底鍋內放入奶油、洋蔥丁、蝦頭，開火加熱拌炒出香氣，接著加入步驟 3 的蝦仁，並取出蝦頭。

5　將蝦仁炒熟，放入彩椒、調味醬拌炒均勻。

6　最後把茄汁蝦仁淋在白飯上，簡單完成一餐。

美味Tips

用蝦頭炒洋蔥，醬汁風味會更濃厚。

┌─ 快速 Tips ─┐

白蝦事先剝殼去腸泥，用少許的鹽巴抓一抓，放在冰箱冷藏。

3

4

5

蛋沙拉三明治

剛買回來的吐司含水量最高，

不用烤箱加熱，最適合直接吃，

加入蛋沙拉包起來，鬆軟、清爽的蛋香，簡單美味。

想要吃的輕盈，
可用牛奶
取代部分的美乃滋

✎ 食材

水煮蛋 2 顆
吐司 2 片
白胡椒適量
日式美乃滋 1 大匙
全脂牛奶 1 大匙

🍲 HOW TO MAKE

1 將水煮蛋的蛋黃、蛋白分開，蛋白切小塊備用。

2 把日式美乃滋、全脂牛奶、蛋黃混合後，再加入蛋白、白胡椒攪拌均勻。

3 將蛋沙拉放在吐司上，中間多，四邊少，如小山丘般。

4 包上保鮮膜放入冰箱冷藏 10 分鐘，切邊後對切。

美味 Tips

· 剛買來的吐司最適合做雞蛋沙拉三明治。
· 用一半的牛奶取代美乃滋，沙拉更清爽。

快速 Tips

平時備一些水煮蛋在冰箱，就能快速上菜。

鮭魚飯糰

把魚肉、蔬菜,放進小朋友最愛的香鬆飯糰,用料更豐富。
沒時間備餐的話,就把冰箱的食材和白飯攪拌均勻,
不用擔心餡料有沒有在飯糰的中間,隨意的用手捏成三角型。

把拌飯捏成飯糰
更方便吃

🥄 食材

鮭魚半片

熟花椰菜 1 朵

熱白飯 1 碗

味島香鬆 1 小匙

海苔半片

🍲 HOW TO MAKE

1　將煎熟的鮭魚分成小塊、花椰菜切碎，與熱
　　白飯、味島香鬆攪拌均勻。

2　把攪拌完成的食材放一半在手掌上，並用湯
　　匙壓緊。另一隻手也放上相等食材的份量。

3　把二隻手上的食材合在一起，朝同一個方向
　　翻轉三次，捏成三角形。

4　在飯糰上黏上半張海苔即完成。

美味*Tips*

・剛煮好的白飯，最適合做手捏飯糰。

・把手沾濕或戴手套捏飯糰，能更緊實不鬆散。

快速 *Tips*

先把食材捏緊再塑形，就能讓飯糰快速成形。

131

日式起司洋蔥醬牛排

只要在醃料加入洋蔥泥，就能讓肉排更軟嫩！

放入氣炸鍋免顧火，還能準備配餐。

五分熟的肉排，香嫩有肉汁，直接配麵包或白飯都有滿足感。

充滿肉香的牛排，
加上香濃的起司，
保證讚不絕口

🐰🐰 使用工具 氣炸鍋

🥄 食材（1～2人份）

美國牛梅花肉排 240g
洋蔥半個
法國麵包 ⅓ 條

│ 海鹽適量
日式洋蔥醬｜黑胡椒適量
│ 中濃醬 2 大匙
中式醬油 ½ 小匙

│ 焗烤乾酪片 2 片
日式起司醬｜全脂牛奶 25c.c.

HOW TO MAKE

1 先將洋蔥 ¼ 刨絲、¼ 磨成泥備用。

2 將磨成泥的洋蔥與日式洋蔥醬攪拌在一起。

3 接著把步驟 2 的醬料與洋蔥絲和牛肉排混合均勻，並靜置 15 分鐘。

4 將肉排淋上橄欖油（份量外）後放入氣炸鍋，以 200 度氣炸 5 分鐘，翻面後再氣炸 5 分鐘。

5 氣炸完成後，肉排放在氣炸鍋內悶 5 分鐘，接著切片備用。

6 將日式起司醬放入微波爐加熱 20 秒，並攪拌均勻。

7 最後將麵包加熱，從中間切開，放入牛排，淋上日式起司醬即完成。

快速 Tips

氣炸牛排的時間，可以準備其他的醬料、順便烤麵包，超省時。

3
一鍋到底

天天開飯也 OK！
最適合忙碌上班族的料理提案

日式蒜香豬肉炒麵

不想吃白飯時,可以把麵條加入料理中。
使用清爽的日式醬汁、臘肉鹹香夠味,麵條焦脆,
只要收乾醬汁,就能入味,會有異想不到的新食感!

用平底鍋直接上桌,
餘溫讓麵條多了焦焦口感

🏷️食材（1～2人份）

熟義大利麵 100g	昆布粉 ½ 小匙
臘肉 75g	大阪燒醬 2 大匙
高麗菜 40g	番茄醬 1 小匙
紅彩椒 10g	中式醬油 1 小匙
蒜頭 1 瓣	味醂 2 小匙
青蔥 1 根	

（炒麵醬）

HOW TO MAKE

1　先將炒麵醬的食材攪拌均勻備用。

2　接著將高麗菜、彩椒切塊；青蔥切段、蒜頭切片。

3　在平底鍋內放入少許沙拉油（份量外），用中小火將臘肉片煎香，加入蒜片、高麗菜，翻炒後蓋上鍋蓋 1 分鐘。

4　掀開鍋蓋後加入義大利麵、炒麵醬、彩椒、蔥段，翻炒後蓋上鍋蓋悶 2 分鐘。

5　將醬汁收乾，撒上七味粉（份量外），一大盤的炒麵就可上桌。

快速 Tips

・義大利麵事先煮好，拌入橄欖油放涼，可放入冰箱冷藏 2～3 天，使用前用熱水燙 1 分鐘。

・前一晚將需要的蔬菜通通先切好放到保鮮盒裡。

沙茶炒年糕

沙茶和年糕是絕配,想起家鄉的乾式滷味,一定會有沙茶醬香,
這是充滿台味的炒年糕,適合不吃辣的朋友,
用醬煮的方式,年糕才會更入味。

今晚就讓韓國的食材
充滿台味魂

使用工具 方型煮藝鍋

🏷️食材

韓式年糕 200g	韓國芝麻粒 1 小匙
韓國魚板 100g	韓國芝麻香油 1 小匙
高麗菜 200g	開水 90c.c.
九層塔 5g	
蒜頭 2 瓣	調味醬 ┌ 沙茶醬 1 大匙
青蔥 1 根	├ 減鹽醬油 1 大匙
沙拉油 1 小匙	└ 蠔油 1 大匙

HOW TO MAKE

1　先將魚板切適當大小、高麗菜切塊、九層塔撕葉、蒜頭切末、蔥切蔥花、調味醬食材混合均勻備用。

2　準備一個鍋子，放入沙拉油、蒜末、蔥花爆香後，加入開水。

3　接著放入高麗菜、年糕、魚板、調味醬攪拌均勻，蓋上鍋蓋開強火煮至醬汁微黏稠後，加入九層塔，灑上香油和芝麻粒。

美味Tips

年糕事先沖水清洗，料理時要不斷的拌炒才不會黏住鍋底。

┌─ 快速Tips ─

・醬汁事先準備好，只要攪拌均勻一次倒入。

・韓式年糕可事先煮熟備用。

└─

10 分鐘

雞蛋煎餃

一鍋三菜有蛋、有菜、又有肉,一個人也能吃得飽,
兼具營養,不需要花時間準備其他的配菜,
用煎的冷凍水餃,煮熟就能上桌。

不只是水餃,還充滿了
蛋香和滿滿的蔬菜。

食材（1～2 人份）

冷凍水餃 20 顆　　玉米粉 10g
雞蛋 1 顆　　　　桃屋香味辣油適量
小白菜 1 小把　　沙拉油 5c.c.
珠蔥 1 根　　　　水 200c.c.
熟芝麻適量

HOW TO MAKE

1　先將珠蔥切蔥花、小白菜切段備用。

2　在平底鍋內倒入沙拉油（份量外）開火加熱，
　　並放入 20 顆冷凍水餃依序排好。

3　將水、沙拉油、玉米粉攪拌均勻後倒入平底
　　鍋內、煮滾蓋上鍋蓋，轉中小火煮 7 ～ 8 分
　　鐘至水收乾。

4　水分收乾後，可以移除鍋蓋，轉小火繼續加
　　熱至水分完全收乾。

5　在煎餃間的縫隙倒入攪散的蛋液、撒上小白
　　菜後，蓋上鍋蓋繼續加熱 2 分鐘。

6　等待蛋液凝固，撒上蔥花、熟芝麻、辣油即
　　完成。

快速 Tips

利用平底鍋蒸煮的方式，蓋上鍋蓋就可以
讓水餃快速熟透。

10 分鐘

魚片雞蛋蓋飯

一人午餐的快速方便料理，
只要把食材全部放到湯鍋中，煮熟後淋上蛋液，
白飯拌著甜甜的醬汁，營養又有飽足感。

鯛魚片有了蔬菜的醬汁，
更好入口

✎ 食材

鯛魚片 100g		減鹽醬油 20c.c.
洋蔥 ¼ 顆	蓋飯醬	味醂 20c.c.
鴻禧菇 20g		米酒 10c.c.
雞蛋 1 顆		

🍳 HOW TO MAKE

1 先將鯛魚片沖洗後,用紙巾擦乾並切片、洋蔥切絲、鴻禧菇手撕成條狀備用。

2 將鯛魚片、洋蔥絲、鴻禧菇一起放入平底鍋中,加入蓋飯醬,開火煮滾,再繼續煮 5 分鐘直到魚片熟透。

3 接著將雞蛋打散,分二次均勻淋在鍋中。

4 熄火後,將煮熟的食材放在白飯上。

美味Tips

・一次下鍋再開火,短時間也能充分入味。

・分二次倒入蛋液,半熟的蛋液和醬汁會更融合。

┌─ 快速Tips ─┐
加熱時,加上鍋蓋,可以加速魚片熟透。

10 分鐘

蒜味醬燒豬肉

口感鬆軟的腰內肉最適合醬煮，
用蒜泥取代蒜頭，可節省醃肉的時間。
肉片沾裹醬汁，甜甜的醬香，只要一碗白飯就滿足。

厚厚的豬腰內肉，
鬆軟又入味

🐰 **使用工具** 22cm 不沾平底鍋

🏷️食材

腰內肉 140g		蒜頭 1 瓣（壓成泥）
低筋麵粉少許	蒜味茄汁醬	番茄醬 2 小匙
研磨海鹽適量		味醂 2 小匙
黑胡椒適量		醬油 1 小匙
		白糖 1 小匙

🍳 HOW TO MAKE

1　將腰內肉切塊後，兩面拍打至薄片，撒上研磨海鹽、黑胡椒、低筋麵粉備用。

2　在平底鍋內倒入少量的菜籽油（份量外）開火加熱，放入肉片將兩面煎熟。

3　接著倒入事先準備好的蒜味茄汁醬，將煎好的肉片兩面沾上醬汁。

美味*Tips*

把肉片煎至焦脆感，再淋上醬汁，更有肉香氣。

快速*Tips*

在肉片沾上麵粉，經過加熱，就能將醬汁依附在肉片上。

 10 分鐘

韓式蒸雞蛋

韓國餐桌必備的小菜，口感蓬鬆的蒸蛋與滑嫩的蒸蛋很不同，
利用陶鍋瞬間加熱的溫度讓蒸蛋變的柔軟，
從頭吃到最後一口都熱呼呼的。

146

使用工具 2 號韓式陶鍋

食材

常溫雞蛋 5 顆（50c.c./ 顆）

蔥花、紅蘿蔔丁少許 (可省略)

鹽巴 5g

韓國芝麻少許

雞湯 100c.c.

韓國芝麻香油少許

HOW TO MAKE

1 取一器皿，先把雞蛋打散，加入鹽巴攪拌均勻。

2 將雞湯、紅蘿蔔丁、蔥花加入打散的蛋液中。

3 準備開鍋，在陶鍋內抹上韓國芝麻香油，開火加熱 2 分鐘再倒入全部的蛋液。

4 先以中火加熱，過 2 分鐘後用湯匙從鍋緣往下往外慢慢繞一圈，半熟的蛋會凝固。

5 完全凝固後轉小火，蓋上差不多高的容器可幫助雞蛋膨脹，計時 2 分鐘，開蓋即完成。

美味Tips

· 沒有雞湯的話，可以使用柴魚粉、鰹魚粉加水代替。

· 沒有陶鍋，可以使用有深度容器放在平底鍋中隔水加熱。

4
快速
清冰箱料理

冰箱有什麼就煮什麼！
簡單食材輕鬆搭

10 分鐘

生菜包肉紫菜飯捲

韓國的路邊攤小吃，手拿就能吃的紫菜飯捲，
通常會加入大量的蔬菜，也可以把肉和生菜包起來吃，
做法簡單更有滿足感。

有芝麻油香的米飯，
加了雞蛋、豬肉更有飽足感

食材

豬胛心肉片 80g

福山萵苣 2 片

熱白飯 1 碗

海苔 1 張

鹽巴 2g

韓國芝麻香油 5c.c.

蛋絲 ｜ 雞蛋 2 個
｜ 鹽巴 1g

HOW TO MAKE

1　取一小碗，將豬胛心肉片、一半的韓國芝麻香油、鹽巴混合，用手抓均勻備用。

2　接著把肉片放入平底鍋內煎熟。

3　將熱白飯拌入剩餘的韓國芝麻香油、鹽巴攪拌備用。

4　將海苔平整放在砧板上，鋪上步驟 3 的白飯按壓均勻。

5　在白飯上依序放入福山萵苣、肉片、蛋絲。

6　抓住海苔上所有的配料，往前捲起並固定。

7　在飯捲海苔表面塗抹上韓國芝麻香油（份量外），切片擺盤。

美味Tips

飯捲捲好後，在開口處可以利用2～3顆米粒壓扁，就有黏性，才能將飯捲固定。

快速Tips

蛋絲可事先做好，太熱的話，生菜就無法保持鮮脆感。

蛋絲 ———————————————

1. 取一小碗，放入雞蛋和鹽巴，用打蛋器打散，
   接著過濾備用。

2. 在平底鍋倒入沙拉油燒熱，接著倒出沙拉
   油，讓平底鍋離火 30 秒後，放入蛋液。

3. 接著將鍋子再放回爐火，用小火煎至表面蛋
   液凝固。

4. 在平底鍋中間放上筷子，用鍋鏟輔助將蛋皮
   放在筷子上，幫助蛋皮翻面。

5. 蛋皮翻面後即熄火，取出蛋皮。

6. 蛋皮切對半，對半處再對折，即可切成細絲。

10 分鐘

醬燒千層白菜豬肉

一層白菜、一層豬肉堆疊的千層白菜豬肉片，
不只能煮火鍋，利用醬燒的作法，
可以增加清爽度，也有肉肉的滿足感。

不容易固定的食材，
串起來再燒煮更方便

💠食材（1 ～ 2 人份）

梅花豬肉火鍋肉 6 片（197g）

山東大白菜 4 葉（186g）

中式醬油 20c.c.

味酥 20c.c.

米酒 20c.c.

芝麻香油 ¼ 小匙（可省略）

桃屋辣油 ¼ 小匙
（2.5g）〔可省略〕

—勾芡—
片栗粉 1g

水 10c.c.

白菜和豬肉的放法

1 山東大白菜半顆，取出比較完整的葉片 4 片，
洗乾淨瀝乾。

2 將 2 片肉片分別放在葉子上。

3 把較大的葉片放在最底下，往上疊。

4 蓋上最後一片葉片，放入保鮮盒並送進冰箱
冷藏保存備用。

HOW TO MAKE

1. 將層層疊疊完成後的白菜豬肉切成四等份。

2. 將切成 4 等份的白菜豬肉翻至剖面，並以竹籤固定。

3. 把白菜豬肉串放入平底鍋中，倒入中式醬油、味醂、米酒再開火，蓋上鍋蓋用中火煮 5 分鐘，翻面再煮 4 分鐘。

4. 白菜豬肉串取出盛盤，在醬汁裡加入勾芡水後熄火，並淋在白菜豬肉串上，加入芝麻香油或桃屋辣油即完成。

美味 Tips

將食材固定，可以一次翻面，均勻受熱。

快速 Tips

可先將疊放完成的白菜豬肉蒸熟，再醬煮，能縮短烹調時間。

 10分鐘

肉桂黑糖甜甜球

有滿滿肉桂黑糖香的甜甜球，
用吃不完的豆腐與鬆餅粉混合，
油炸後就能變成一口剛剛好的小點心。

酥香鬆軟的麵包感，
內餡有肉桂黑糖會爆漿喔！

使用工具 牛奶湯鍋

✎ 食材

豆腐 25g

鬆餅粉 50g

肉桂黑糖粉 (黑糖粉 4 小匙、肉桂 ½ 小匙)

糖粉適量

HOW TO MAKE

1 先將鬆餅粉、豆腐、1 小匙肉桂糖粉混合均勻，並揉成麵團。

2 把麵團分割 8 等份（約 10g/ 份）。

3 接著將每個麵團壓扁，包上 ½ 小匙肉桂黑糖粉，並且滾成圓球。

4 把一顆顆圓球放入油鍋，用小火油炸至金黃色，完成後撒上糖粉。

美味Tips

‧用不完的豆腐，也能取代甜點中會使用到的牛奶，例如鬆餅粉與牛奶混合的甜點，改用豆腐，口感會更鬆軟。

‧也可以在內餡裡加入烤過的堅果，吃起來更有嚼勁。

胡麻鮪魚四季豆

吃不完的鮪魚罐頭加入爽脆的蔬菜，

淋上胡麻醬就能上桌，充滿胡麻香氣的鮪魚涼拌小菜，

有了四季豆更爽口開胃。

用胡麻醬取代
美乃滋更爽口

食材

四季豆 50g

水煮鮪魚罐頭半罐

鹽巴 ½ 小匙

胡麻醬 2 大匙

柴魚適量

韓國芝麻粒 ½ 小匙

HOW TO MAKE

1 在滾水中加入 ½ 小匙鹽巴,放入切段的四季
豆川燙 3 ～ 5 分鐘,取出泡冰水備用。

2 將罐頭裡的鮪魚撥碎,放入玻璃碗中,加入
四季豆、胡麻醬、柴魚、韓國芝麻粒攪拌均
勻即完成。

快速 Tips

· 四季豆事先清洗、去除蒂頭、筋絲,再
斜切。

· 胡麻醬作法請參考 P87 和風胡麻涼拌四
季豆。

10 分鐘

麻辣水煮魚

用不完的鍋底醬，也能快速完成一道料理，
只要將魚片川燙、蔬菜煮熟，淋上熱熱的麻辣醬，
香麻嗆辣的水煮魚，別有一番風味。

把鍋底醬加熱，
油淋在魚肉上更香辣

🔪 **使用工具** 迷你平底鍋 +18cm 湯鍋

🧂 食材

鯛魚片 200g

小白菜 170g（切段）

九層塔 2～3 片 (裝飾用可省略)

麻辣鍋底醬半包

米酒 1 小匙

🍳 HOW TO MAKE

1　準備一個湯鍋，將水裝置 7 分滿並煮開。

2　在湯鍋中加入 1 小撮鹽巴（份量外），把小白菜燙熟（約 2 分鐘）後，撈起放進砂鍋中。

3　在原湯鍋中加入米酒，繼續將魚片放入川燙（約 3～5 分鐘），撈起放在小白菜上。

4　將九層塔切絲，放在魚片上。

5　另外準備平底鍋，將半包麻辣鍋底醬煮滾熄火，淋在魚片上即完成。

美味*Tips*

可以選擇喜愛的燙青菜當作基底，黃豆芽也 OK！還能夠降低辣度。

 10 分鐘

塔可沙拉

適合冬天的溫沙拉，不想吃飯時，也要有肉的組合，

利用冰箱剩下的蔬菜，把肉炒熟，

攪拌均勻就 OK！

用起司迷你脆片
取代麵包丁，更夠味

🐰 使用工具 平底鍋

🏷️食材（1～2人份）

細豬絞瘦肉 100g

福山萵苣 50g

牛番茄 1 顆

芭樂半顆

小黃瓜半根

脆片餅乾 10g

雙色起司絲 5g

炒肉調味
| 中濃醬 1 小匙
| 調味咖哩粉 1 小匙
| 研磨黑胡椒
| 海鹽適量
| 開水 2 小匙

沙拉醬
| 橄欖油 2 小匙
| 白醋 1 小匙
| 研磨黑胡椒
| 海鹽適量

🍳 HOW TO MAKE

1 先將蔬菜類洗淨切適當大小，芭樂去籽切塊，番茄、小黃瓜切塊備用。

2 炒肉調味的食材先混合攪拌均勻。

3 將沙拉醬混合，萵苣切小段與番茄、小黃瓜攪拌盛盤。

4 在平底鍋內放入絞肉炒熟，加入炒肉醬料調味。

5 在盛盤的沙拉上放入脆片餅乾，再加上炒熟的絞肉，以及切塊的芭樂、番茄、起司絲，一盤豐富的溫沙拉上桌即秒殺。

美味Tips

・用少許的鹽水淨泡切塊的芭樂，可以保持芭樂的色澤。

・將炒熟的肉末放在玉米片上，就能保持蔬菜的爽脆口感。

⏱ 10分鐘

蒜味豬肉炒豆莢

甜甜的蒜味豬肉，能任意搭配爽脆的根莖類蔬菜，
簡單上桌，肉汁清爽，又特別下飯。

使用蒜泥，讓豬肉
有蒜香、沒有辛嗆感

🐰 **使用工具** 牛奶鍋

🧂食材

豬肉片 130g

碗豆莢 70g

蒜頭 1 瓣（壓成泥）

減鹽醬油 4 小匙

味醂 4 小匙

勾芡 ┤ 太白粉 ¼ 小匙
│
└ 開水 2 小匙

芝麻香油 ¼ 小匙

🍳 HOW TO MAKE

1　先將碗豆莢去頭尾、剝絲，並切適當大小後
　　放入滾水中，用小火川燙 2 分鐘，取出備用。

2　豬肉片與減鹽醬油、味醂、蒜泥混合均勻，
　　放入牛奶鍋中拌炒至熟透，接著加入燙熟的
　　碗豆莢拌炒。

3　最後加入勾芡攪拌，淋上芝麻香油。

美味*Tips*

‧ 使用蒜泥可以增加肉片入味，能省略醃肉的
　時間。

10 分鐘

醬煮馬鈴薯炒肉片

事先將馬鈴薯蒸熟，不用燉煮就能馬上入味的醬煮馬鈴薯，
把冰箱剩下的食材一起放到鍋中煮，加入蔬菜，清爽不油膩！
是日本餐桌上的家常菜！

用醬煮的方式，
讓馬鈴薯有甜甜的醬香

🐰 使用工具 牛奶鍋

✎食材

豬胛心肉片 150g	中式醬油 30c.c.
馬鈴薯 1 顆	味醂 50c.c.
鴻禧菇半包（約 80g）	開水 50c.c.
洋蔥 ¼ 個	
青蔥 1 根	

🍳 HOW TO MAKE

1 先將馬鈴薯去皮切塊蒸熟、鴻禧菇手撕成條狀、洋蔥切絲、青蔥切段備用。

2 將肉片、洋蔥、鴻禧菇一同放入牛奶湯鍋中。

3 加入 1 小匙食用油（份量外），開火加熱炒至肉片熟透。

4 接著放入蒸熟的馬鈴薯、中式醬油、味醂、開水煮 5 分鐘，一鍋下飯好味完成。

美味Tips

起鍋前，淋上香油，更能提升香氣。

1

4-1

4-2

快速 Tips

將去皮切塊的馬鈴薯事先放入微波爐加熱 4 分鐘。

⏱ 15 分鐘

香料鮭魚時蔬

沾上麵包粉與義大利綜合香料的鮭魚，

外酥內軟，口感有層次，

鮮嫩、營養豐富，是女生會超喜歡的低醣料理。

加入少量的橄欖油，
氣炸加熱的蔬菜會保留
鮮綠爽脆

食材

鮭魚半片　　　　義大利綜合香料 1g
白酒 1 小匙　　　研磨海鹽適量
花椰菜適量　　　黑胡椒適量
彩椒適量
橄欖油 1 小匙
麵包粉 2 大匙

HOW TO MAKE

1　先將花椰菜、彩椒洗淨並切適當大小；麵包粉和義大利綜合香料混合均勻做成鮭魚沾粉。

2　用紙巾將鮭魚擦乾，在表面撒上黑胡椒、海鹽，淋上白酒、橄欖油，再沾上鮭魚沾粉。

3　將綜合蔬菜放在不沾煎烤盤上，相同步驟加入海鹽、黑胡椒調味，並淋上橄欖油。

4　接著放入鮭魚，送入氣炸鍋，以 165 度氣炸15 分鐘。

美味Tips

· 可在氣炸後的蔬菜淋上少許的橄欖油，口感更佳。

· 在麵包粉裡淋上橄欖油攪拌均勻，再沾上魚肉，烤色會更酥脆。

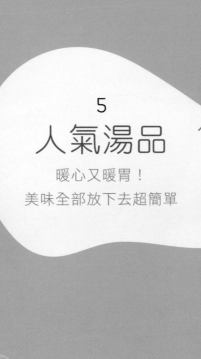

5

人氣湯品

暖心又暖胃！
美味全部放下去超簡單

日式關東煮湯

關東煮是來自日本大眾食堂的小吃,清爽甘甜香菇昆布湯頭,
特別暖胃,一口咬下會爆汁的福袋包著新鮮肉丸子,
不用沾醬,也能吃到食材的原味。

吸了大量高湯的關東煮,
保留下食材的原味

使用工具 小土鍋

食材（可做 1～2 份）

高麗菜 150g

伏見油揚豆皮 2 片

豬絞肉 150g

厚燒竹輪 2 個

鴻禧菇 30g

水煮蛋 2 個

德式香腸 1 根

香菇昆布高湯

　水 600c.c.

　香菇昆布 10g

肉丸福袋

豆皮半個

醃絞肉 30g（可做 4 個）

絞肉醃料

醬油 ½ 茶匙

白糖 ½ 茶匙

米酒 1 茶匙

韓國芝麻香油 ½ 茶匙

香菇昆布高湯底

香菇昆布高湯 300c.c.

味醂 10c.c.

米酒 10c.c.

白糖 ½ 茶匙

醬油 1 茶匙

HOW TO MAKE

高麗菜捲

1　將高麗菜剝成片狀，放入微波爐微波 1～2 分鐘至軟，放涼備用。

2　接著削除高麗菜梗部，並鋪平在砧板上。

3　高麗菜從底部往上折、左邊往右折、右邊往左折，再往上捲。

4　最後收口處用竹籤固定。

肉丸子福袋

5 取一玻璃碗，放入豬絞肉和醃料，用揉捏的方式，把肉抓均勻約 2 ～ 3 分鐘。

6 先將伏見油揚豆皮放到滾水中煮 1 ～ 2 分鐘，撈起放涼。

7 將豆皮切對半、把肉丸子絞肉分為 4 等份。

8 接著將 4 等份的肉丸子分別放入豆皮中。

9 將豆皮上部用摺疊的方式收口，並用竹籤固定。

美味Tips

煮過的豆皮，可以去除炸豆皮的油味，口感會更清爽。豆皮會吸附湯汁，一口咬下會爆汁的肉丸子福袋，要小心不要被燙到！

香菇昆布高湯

10 將冷水與香菇昆布一同放入湯鍋中。

11 湯鍋放置爐火上煮滾，轉小火再加熱 5 分鐘。

12 撈出煮料，把湯置入冰水中放涼。

13 將香菇昆布高湯底的食材混合均勻，把高麗
菜捲、切塊的厚燒竹輪、肉丸福袋、水煮蛋、
德式香腸放入土鍋中，倒入香菇昆布高湯，
放置爐火上加熱，煮滾轉小火再煮 5 分鐘。

13-1

13-2

美味*Tips*

・水煮蛋切開，淋上湯汁再吃會更入味。

・常備絞肉，我喜歡使用細豬絞肉，油脂較
少，黏著力高，加入香油能提升香氣與口
感，可包餛飩、燒賣、高麗菜肉捲、肉丸
子，也能當作福袋內餡。

・醃好的豬絞肉，放入保鮮盒，送至冰箱冷藏
可放1～2天。

快速*Tips*

・高湯可以事先煮好，馬上就能使用。

・沒有豆皮，做成小肉丸用竹籤串起也可以。

奶油玉米豚肉湯咖哩

湯咖哩，源自北海道，可以吃到大量蔬菜的咖哩湯，
不需要準備湯底，以高麗菜和豬肉做基底，煮滾就能入味，
只要準備一碗白飯就能馬上開動。

一天所需的蔬菜，
通通都在這碗

✂️ **使用工具** 氣炸鍋 +18cm 不沾鍋湯鍋

🏷️ 食材（1～2 人份）

豬五花肉 80g	彩椒半個	黑胡椒適量
水煮蛋 1 顆	玉米 1 根	咖哩粉 15g
高麗菜 50g	玉米粒 10g	橄欖油適量
南瓜 ¼ 個	有鹽奶油 5g	開水 250c.c.
櫛瓜 ⅓ 根	片栗粉 5g	
馬鈴薯 1 顆	海鹽適量	

🍲 HOW TO MAKE

1　取一玻璃碗，放入咖哩粉與豬肉混合，並抓均勻；高麗菜洗淨切適當大小備用。

2　將氣炸蔬菜南瓜及櫛瓜切片、馬鈴薯去皮切塊；彩椒、玉米切片，接著把所有蔬菜混合並灑上海鹽、黑胡椒調味後放在氣炸烤盤上，淋上橄欖油、片栗粉，送入氣炸鍋以180 度烤 10 分鐘。

3　準備一個湯鍋，倒入沙拉油（份量外）加熱，接著放入步驟 1 的咖哩豬肉與高麗菜，拌炒至熟透，加入開水煮滾，轉小火煮 3 分鐘。

4　將步驟 3 煮好的食材倒入器皿中，並放入氣炸後的蔬菜、水煮蛋、玉米粒、有鹽奶油。

美味Tips
蔬菜自由配，就加自己喜歡的吧！

┌─ 快速 Tips ─┐
· 鍋蓋輔助，短時間就能把湯煮滾。
· 豬肉用咖哩粉混合醃製，馬上就能入味。

10分鐘

泡菜豬肉豆腐鍋

不想吃白飯時，就會煮豆腐鍋，
利用石頭鍋的爆香料當基底，再加入韓國泡菜，
不需再調味，馬上就可以完成。

軟嫩的
豆腐和泡菜最搭

食材

細豬絞肉 80g
韓國泡菜 120g
豆腐半盒
蒜頭 1 瓣
蔥白半根
青蔥半根

韓國芝麻粒 1 小撮
韓國芝麻香油 1¼ 小匙
熱開水 100c.c.

HOW TO MAKE

1　先將豆腐切塊、蒜頭切末、蔥白切成蔥花、
　　青蔥切末備用。
2　將豬絞肉、蒜末、蔥白、韓國芝麻香油放入
　　陶鍋中，開火加熱炒香。
3　接著放入泡菜，繼續炒 1 分鐘。
4　最後加入熱開水、豆腐，煮滾後熄火放入蔥
　　末、韓國芝麻香油、韓國芝麻粒。

美味Tips

泡菜有鹹度，可依個人喜好酌量加鹽巴。

快速Tips

用湯匙挖豆腐，豆腐會快速入味。

味噌豬肉油豆腐湯

日本家庭最常見的湯品又稱豚汁，能解除一整天的疲勞，

不需要湯底，把豬肉和醬汁混合，

再加入喜歡的配料和蔬菜，就能快速上菜。

多了爆炒的步驟，
讓湯充滿鍋氣

🐰 使用工具 18cm 不沾湯鍋

🔖食材（1～2人份）

豬梅花肉 90g

油豆腐 1塊（約80g）

竹輪 1個（約40g）

小白菜 1把（約65g）

味噌 20g

味醂 15c.c.

米酒 15c.c.

開水 200c.c.

🍲 HOW TO MAKE

1　先將豬梅花切塊，並與味噌、味醂、米酒一起混合攪拌。

2　將油豆腐切片、竹輪切滾刀狀、小白菜切段。

3　準備湯鍋，放入沙拉油（份量外）炒豬肉片炒熟。

4　加入開水、油豆腐、竹輪，煮滾再放小白菜。

美味*Tips*

・炒香的肉片，能增加湯頭的鍋氣，味道更香。

・配料豐富的味噌湯，放入烏龍麵，更有飽足感。

快速*Tips*

把豬肉與味噌醬混合，可以加速肉片入味。

181

和風番茄蔬菜湯

充滿茄紅素的蔬菜湯，加入爽脆的高麗菜、德式香腸，

從冷水開始煮，不用在意食材放入的順序和時間，

再加上玉子燒，營養又有飽足感。

使用工具 18cm 不沾湯鍋

食材（2 人份）

高麗菜 100g　　　番茄糊 100c.c.

牛番茄 1 顆　　　水 200c.c.

德式香腸 1 條

高湯玉子燒 2 塊

昆布粉 ½ 茶匙

HOW TO MAKE

1 先將高麗菜、牛番茄洗淨切塊；德式香腸切
　片備用。

2 將所有的食材放進湯鍋中，煮滾後再煮 3 分
　鐘至高麗菜熟透。

2-1

美味Tips

切塊的玉子燒會吸飽湯汁，是煮湯最佳的原型
食材。

快速 Tips

・從冷水開始煮，可以縮短烹調的時間。

・加鍋蓋能讓食材快速熟透。

・高湯玉子燒請參考 P102 作法

2-2

183

韓式高麗菜捲泡菜湯

韓國餐桌必備的泡菜湯，只要有這鍋，冬天再冷也不怕。
泡菜湯如果加上一個高麗菜肉捲，就有飽足感，
經過加熱的泡菜爽脆、湯頭更清甜，更能增加抵抗力。

吸了泡菜湯汁的高麗菜，
香辣夠勁

使用工具 韓國 2 號陶鍋

食材（可做 2 份）

細豬絞肉 150g

高麗菜捲內餡：

醃絞肉 60g

高麗菜 100g

鴻禧菇 40g

中華嫩豆腐 80g

蔥花 2.5g

蔥白末 2.5g

蒜末 5g

韓國芝麻粒 1g

湯料
韓式辣椒粉 (細) ½ 小匙
鹽 0.5g
韓國昆布鰻魚高湯 150c.c.

絞肉醃料
糖 ½ 小匙
醬油 ½ 小匙
米酒 1 小匙
韓國芝麻香油 ½ 小匙

HOW TO MAKE

1　先將高麗菜洗淨撥葉、鴻禧菇手撕成條狀、
豆腐用湯匙舀成片狀；湯料的食材混合攪拌
均勻備用。

2　取一玻璃碗，將豬絞肉與醃料混合抓勻，放
置 10 分鐘醃入味。

3　將高麗菜葉放入微波爐微波 1 分鐘，鋪平後
加入醃製絞肉 60g，左右兩邊向內折，接著
捲起並用竹籤固定。

4 把 2 號陶鍋放在爐火上加熱，放入 30g 醃絞
  肉、蔥白末、蒜末，翻炒 2 分鐘至散發出香
  氣。

5 接著放入鴻禧菇、豆腐、高麗菜捲一個、泡
  菜，以及湯料；韓國昆布鯷魚高湯、韓式辣
  椒粉、鹽巴，煮約 5 ～ 6 分鐘至熟透。

6 完成後，撒上蔥花和芝麻直接上桌。

美味*Tips*

・使用絞肉爆香湯底，泡菜湯頭更夠味。
・用陶鍋直接加熱，保溫效果好，吃到最後一
  口還是熱熱的。

快速 *Tips*

・用湯匙將豆腐挖成片狀，豆腐片會更容易吸附高湯。
・高麗菜捲煮 5 分鐘後，從中間剪開，可以加速肉捲熟透。

⏱ 10分鐘

韓式魚板串湯

韓國路邊攤小吃。

暖暖的魚板串湯是餐桌最常出現的料理，做法簡單，

加入蔬菜、年糕一鍋到底，很有飽足感又方便。

把魚板串起來吃，
對折的魚板吸了
滿滿的湯汁

高麗菜 60g

韓國魚板 2 片

年糕 50g

白胡椒粉適量

蔥段少許

韓國昆布鯷魚高湯 300c.c.

醬油 ½ 小匙

┌ 沾醬 ┐ 醬油：白醋 1：1

韓國辣椒粉（粗）1 小撮

HOW TO MAKE

魚板串

1　從冷凍庫取出魚板，並放置室溫約 5 分鐘。

2　將魚板分 3 等份對折。

3　用穿針線方式，將竹籤反穿過魚板 3 次。

韓國昆布鯷魚高湯

4　先將韓國昆布鯷魚高湯包 1 包與白開水 600c.c. 一
　　同放入湯鍋中。

5　開火煮滾，轉中小火再煮 5 分鐘。

6　撈出高湯包，一鍋美味高湯即完成。

美味Tips

可當作韓式部隊鍋、魚板湯、韓式辣味年糕的高湯
使用。

7　將切適當大小的高麗菜、年糕一同放入高湯中煮
　　滾後，再煮 2 分鐘。

8　接著放入魚板串繼續煮 2 分鐘，加入醬油、白胡
　　椒調味。

9　煮好後灑上蔥段就可上桌囉。

美味Tips

魚板串沾醬吃更美味！

快速Tips

韓國昆布鯷魚高湯、魚板串可事先準備好，魚板直接切片煮也 OK！

 10分鐘

肉丸子鹹湯圓

豬絞肉是冰箱常備的食材，
可以爆香、做漢堡排，捏成小肉球也能煮湯。
有別於鮮肉湯圓，把湯圓和肉餡分開煮，
湯頭充滿了肉餡的香氣，風味更好

不用高湯也有
滿滿的肉香

使用工具 迷你牛奶鍋

食材

	肉餡	
湯圓 80g		豬絞肉 250g
茼蒿 50g		油蔥 4 小匙
乾香菇 4 朵		米酒 2 小匙
油蔥 1 小匙		香油 ½ 小匙
昆布粉 ½ 小匙		鹽巴 ½ 小匙
白胡椒粉適量		白糖 1 小匙
熱開水 250c.c.		

HOW TO MAKE

1　先將肉餡的食材混合攪拌均勻；乾香菇泡熱水，變軟後切片。

2　將油蔥、香菇片放入湯鍋中爆香（約 2 分鐘），接著加入熱開水煮滾。

3　依序放入用湯匙舀一球一球的肉丸子及煮熟的湯圓繼續煮 3 ～ 5 分鐘。

4　當湯圓浮起時，加入茼蒿及昆布粉、白胡椒粉，再煮 1 分鐘至茼蒿熟透即完成。

美味Tips

將肉餡材料攪拌均勻，冷藏1小時以上。

快速 Tips

可事先把湯圓煮熟泡在冷水中備用。

馬鈴薯蛤蠣湯

充滿蛤蠣鮮味的西式馬鈴薯湯，

把馬鈴薯打成泥狀，可以增加蛤蠣湯的濃稠感，

不需要爆香拌炒，簡單調味就可以上桌。

清爽的鮮味，
有淡淡的馬鈴薯香

🐰 使用工具 牛奶湯鍋

🧂 食材

蛤蠣 600g

牛奶 150c.c.

鮮奶油 50c.c.

馬鈴薯 1 顆

昆布粉 ½ 小匙

開水 200c.c.

🍳 HOW TO MAKE

1　先將蛤蠣泡水吐沙後，放到 200c.c. 的滾水中，確認每個蛤蠣的殼打開就撈起。

2　將馬鈴薯去皮切小塊，放置微波爐加熱 4 分鐘備用。

3　接著把馬鈴薯與牛奶混合，使用手持式食物攪拌棒打成泥狀。

4　將步驟 3 的馬鈴薯泥加入蛤蠣湯中，放入鮮奶油、昆布粉煮滾，再把煮開的蛤蠣放回湯裡即完成。

美味 Tips

蛤蠣煮滾先撈起，把鮮味留在湯裡，蛤肉仍保留飽滿。

快速 Tips

把馬鈴薯切小塊，使用微波爐加熱，可快速熟透。

6

免顧火料理

一鍵到底！電鍋、氣炸鍋、烤箱
多工作業，美味快速上桌

可可夾心派

市售的冷凍起酥片是做點心的好幫手，
利用餅乾模型讓夾心派的造型更有節日氣氛，
就能變化派對上的各種手拿點心，可愛又香脆。

用餅乾模型就能做出
各式各樣的創意點心

食材（可做 4 個）

冷凍起酥片 2 張

雞蛋 1 顆

可可抹醬 10g

糖粉適量

HOW TO MAKE

1 將起酥片分成四等份，用叉子均勻戳洞。

2 把其中二片利用模型壓出圖案。

3 另外二片塗上可可抹醬，並在起酥片周圍塗上蛋液。

4 接著蓋上壓出模型的起酥片，四邊用叉子密合。

5 在起酥片表面塗上蛋液，放入小烤箱，以180 度烤 10 分鐘。

美味Tips

· 把派皮放在室溫中1～2分鐘，會更好操作！

· 在派皮上戳洞，可以防止派皮烘烤時過度膨脹變形。

· 利用叉子按壓派皮，可以讓二張派皮在烘烤後更密合。

快速 Tips

· 利用小烤箱加熱，可以讓派皮快速膨脹，氣炸鍋也能做。

· 塗上蛋液，可以讓烤色更快、更均勻。

 10分鐘

地瓜薯條

利用冷凍的熟地瓜可以變化的地瓜薯條，
外皮香酥，口感鬆軟，乾爽不油膩，熱量低又含有纖維質，
保證一根接一根停不下來。

只要氣炸的小點心，
一點都不難，想吃隨時烤

食材（1人份）

冰烤番薯 1 個（約 150g）

鮮奶油 10c.c.

片栗粉或日式太白粉 2 小匙

菜籽油 1 小匙

HOW TO MAKE

1 將冰烤番薯去皮後，加入鮮奶油、片栗粉混合均勻。

2 將混合均勻的地瓜泥放在保鮮膜上塑形，並分割成 10 ～ 12 等份。

3 在砧板撒上片栗粉（份量外），將分割的地瓜泥滾成長條圓柱狀。

4 把地瓜泥條放進氣炸鍋內，以 200 度氣炸 4 分鐘。

5 打開氣炸鍋，在地瓜泥表面刷上一層油菜籽油，繼續氣炸 6 分鐘。

快速 Tips

利用熟地瓜，可節省烹調的時間。

 10 分鐘

油封塔香炸雞

半夜想吃鹽酥雞時，
可用調味的炸雞粉、橄欖油、九層塔就能輕鬆料理，
以氣炸的方式，有炸雞感的香嫩雞胸，不用沾醬就夠味。

把九層塔切末沾在肉片上，味道更香

🐰 使用工具 氣炸鍋

🔖 食材（1～2 人份）

雞胸肉片 130g

九層塔 5g（切末）

日式醬油炸雞粉 15g

韓國芝麻粒 適量

橄欖油 2 小匙

🍳 HOW TO MAKE

1 取一保鮮盒，放進雞肉片和炸雞粉，蓋上保
　鮮蓋並搖晃均勻，使雞肉片完整沾裹上炸雞
　粉。

2 接著淋上橄欖油，肉片用手抓均勻。

3 將肉片沾上九層塔末、芝麻粒，放入氣炸鍋
　以 180 度氣炸 8 分鐘。

美味Tips

· 盛盤撒上胡椒鹽，更夠味。

快速Tips

· 將雞胸肉切成片狀，不用 10 分鐘也能
　熟透。

· 使用保鮮盒，可以減少炸雞粉的使用量，
　只要加盒蓋搖晃，炸雞粉就會很均勻。

金沙四季豆

將四季豆放入氣炸鍋，淋上橄欖油，如油炸般的香脆感，
再加入邪惡鹹蛋黃醬，
肯定是餐桌上第一盤被秒殺的料理。

只使用鹹蛋黃，
就有如流沙感

食材（1～2人份）

四季豆 160g

青蔥 ⅓ 根（切末）

鹹蛋黃 1 個

蒜泥 1 瓣（壓成泥）

菜籽油 4 小匙

HOW TO MAKE

1　先將四季豆洗淨，每根斜切成 3 等份。

2　取一小碗，放進四季豆和 2 小匙菜籽油攪拌均勻。

3　將步驟 2 的四季豆放入氣炸鍋，以 180 度氣炸 6 分鐘。

4　將鹹蛋黃、蒜泥、菜籽油攪拌均勻備用。

5　將氣炸後的四季豆取出，放入保鮮盒中，加入步驟 4 調味料搖晃均勻。

6　把步驟 5 的四季豆再次放入氣炸鍋，以 180 度氣炸 2 分鐘，盛盤後撒上蔥末。

美味Tips

使用耐熱保鮮盒蓋上蓋搖晃，就能將調味醬均勻附著在蔬菜上。

五香炸酥肉

一口接一口停不下來的炸酥肉，
只要事先醃好就能料理，鹹香的滋味是古早味豬排的醃料，
不需要油炸、免顧火，省時吃的更健康。

咔滋咔滋的口感，
乾爽不油膩

使用工具 氣炸鍋

食材

腰內肉 140g

芝麻粒 1 小匙

番薯粉 45g

菜籽油 2 小匙

醃料：

雞蛋半個（25c.c.）

蒜頭 1 顆（壓成泥）

太白粉 1 大匙

五香粉 ½ 小匙

醬油 1 小匙

米酒 2 小匙

HOW TO MAKE

1 將腰內肉事先處理好，用紙巾擦乾，先切片拍打，再逆紋切塊。

2 將處理好的腰內肉放入玻璃保鮮盒中，加入醃料攪拌均勻，送進冰箱冷藏一個晚上。

3 取另一個不鏽鋼保鮮盒，放入一半的番薯粉、芝麻粒（事先混合），和醃製好的腰內肉，再倒入剩下的番薯粉、芝麻粒，蓋上保鮮蓋搖晃均勻。

4 將沾上番薯粉的肉取出，倒出多餘的粉，再把豬肉放回保鮮盒，加入菜籽油 2 小匙，並用手抓均勻。

5 將步驟 4 的豬肉放入氣炸鍋內，以 180 度氣炸 10 分鐘。

美味Tips

如果加上胡椒鹽、蒜片、青蔥，可以當下酒菜。

> 快速Tips
>
> ・前一晚先把肉醃好，醃上一天更入味。
> ・使用保鮮盒搖晃食材，料理上會快一點。
> ・把肉切小塊，短時間就能熟透。

奶油優格起司玉米

墨西哥的街頭小吃墨西哥玉米,
用氣炸鍋取代了油炸,只要 8 分鐘就能完成,
加了甜甜的蜂蜜優格醬清爽開胃,一整根拿起來啃很過癮!

優格醬與起司粉的
意外結合,出奇的好吃

🐰 使用工具 氣炸鍋

🔖 食材（1～2 人份）

玉米 1 根　　　起司粉 10g

有鹽奶油 5g　　紐奧良粉 1g

優格 20g　　　（可用紅椒粉取代）

蜂蜜 5c.c.

🍳 HOW TO MAKE

1 把玉米切對半，分為四等份，並在表面刷上有鹽奶油。

2 先分別將優格、蜂蜜混合成蜂蜜優格醬，起司粉、紐奧良粉混合均勻成調味粉備用。

3 將玉米放入氣炸鍋內，以 180 度氣炸 8 分鐘。

4 把氣炸過的玉米取出，塗上步驟 2 蜂蜜優格醬，撒上調味粉就完成了。

美味Tips

用蜂蜜優格取代美乃滋，熱量更低。

快速Tips

玉米切成四等份，塗抹醬料更方便。

紐奧良優格烤雞

對付乾柴的雞胸肉，就加希臘優格吧！
不需要顧火，放入氣炸鍋只要 10 分鐘就能上菜，
鮮嫩的雞胸肉，熱量低，也有肉肉的滿足感。

食材（1～2人份）

雞胸肉 140g

優格 60g

紐奧良粉 3g

蜂蜜 1 小匙

HOW TO MAKE

1　先用紙巾將雞胸肉擦乾。

2　取一小碗，放入優格、紐奧良粉、蜂蜜混合
　　均勻。

3　把雞胸肉放入保鮮夾鏈袋中，加入步驟 2 的
　　醬汁。

4　將醬汁按壓在雞胸肉上，並壓出夾鏈袋內的
　　空氣，放入冰箱冷藏一個晚上。

5　將冷藏過後的雞胸肉固定在烤串上，放入氣
　　炸鍋以 180 度烤 5 分鐘，取出噴油再氣炸 5
　　分鐘。

美味Tips

做舒肥雞胸，更香嫩。

快速Tips

· 前一晚把雞胸肉醃好，隔天就能直接加
　熱。

· 固定在烤架上的雞胸肉，透過氣炸鍋的
　熱對流，更能快速熟透。

起司玉米洋芋片烘蛋

不調味也 OK ！簡單、快速、有飽足感的異國早午餐。
把吃不完的洋芋片捏碎，放入氣炸鍋烘烤，
就能開啟假日慵懶的早餐時光。

使用工具 氣炸鍋

食材（1～2 人份）

鹽味洋芋片 1 包（約 50g） 　起司乾酪 1 片

玉米粒 10g 　　　　　　　全脂牛奶 50c.c.

雞蛋 2 顆（約 100c.c.） 　　鮮奶油 20c.c.

室溫無鹽奶油 3g

HOW TO MAKE

1 取一玻璃碗，先將雞蛋、牛奶、鮮奶油混合
均勻，再加入無鹽奶油攪拌。

2 將洋芋片捏碎與步驟 1 雞蛋液攪拌均勻，再
加入玉米粒、起司乾酪片。

3 將步驟 2 的所有食材放入氣炸鍋，以 180 度
氣炸 10 分鐘。

美味Tips

鮮奶油可以增加香氣，讓烘蛋口感更滑嫩。

7

免開火料理

裝盤就好！涼拌、醃製、常備菜，
餐桌永遠多一道

5分鐘

鳳梨佐果醋生春捲

酸酸甜甜又開胃的蔬果生春捲,是夏天必備的開胃菜,
把喜歡的水果、蔬菜都包進越式春捲皮中,
不需要開火就能快速完成。

QQ 的越式生春捲,
加入蔬果更爽口

食材

越式生春捲皮 1 張		研磨海鹽
鳳梨 ¼ 個		黑胡椒適量
水果彩椒 1 個	沾醬	百香果醋 2 小匙
生菜 1 片		橄欖油 1 小匙
小黃瓜半根		

HOW TO MAKE

1　先將鳳梨去皮後，部分切片、部分切塊。

2　將水果彩椒、小黃瓜切絲；生菜洗淨瀝乾水分備用。

3　準備一張越式生春捲，放入水中泡軟後取出。

4　將生春捲放在木頭砧板上，依序放入生菜、彩椒絲、鳳梨片、小黃瓜絲。

5　食材放好將春捲捲起一圈後，再放 4 塊鳳梨，接著把春捲二邊往內折後捲起，切塊擺盤。

6　把沾醬混合均勻，盛盤當作佐醬。

美味Tips

把沾醬直接淋在切片的生捲上，更方便吃。

果醋甜椒

爽脆的果醋甜椒是吃炸物時必備的涼拌菜，
只要把甜椒浸泡在果醋內一晚，隨時從冰箱拿出來就可以吃！
吃完甜椒，果醋的香氣還在，通通喝完可以幫助消化。

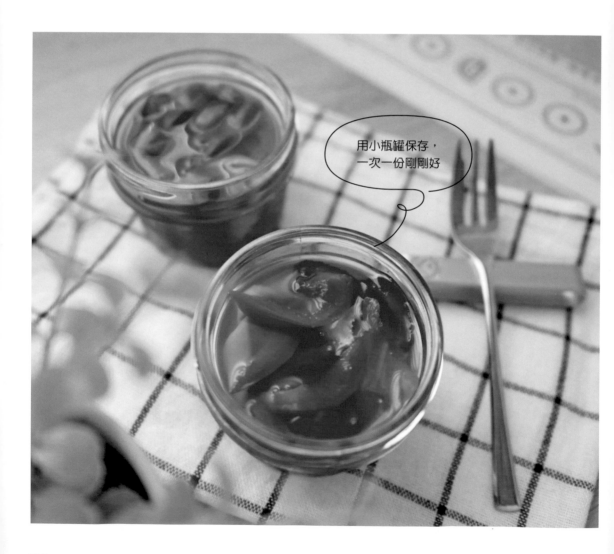

用小瓶罐保存，
一次一份剛剛好

食材（1 人份）

彩椒各 1 個

果醋 60c.c.

HOW TO MAKE

1　先把彩椒洗乾淨，切塊備用。

2　將切塊彩椒放入梅森罐中，並倒入果醋。

3　完成後，將梅森罐放入冰箱冷藏一個晚上。

美味Tips

・吃炸物時，隨時準備一杯，美味又解膩。

・選擇密封的保鮮罐，可以保持蔬菜的爽脆感，
　更不會殘留冰箱其他異味。

快速Tips

・彩椒入味快，經過浸泡依然爽脆，不需
　要花太多時間的前置作業。

・把食材切成小塊，能加速入味的時間。

青醬優格蔬菜沙拉

五種蔬果是一整天的活力來源，
用優酪乳取代美乃滋熱量更低，
加一顆水煮蛋更有飽足感。

加入水煮蛋或雞肉絲，
更有飽足感

使用工具 沙拉碗

食材（1～2 人份）

奶油萵苣 50g	九層塔 100g
彩椒 10g	蒜頭 3 瓣
番茄 1 顆	橄欖油 50c.c.
小黃瓜半根	烤過的松子或核桃 50g
玉米 10g	海鹽、黑胡椒適量
無糖優酪乳 30c.c.	起司粉 20g
	檸檬半顆（壓成汁）

青醬

HOW TO MAKE

1 將蔬菜洗乾淨，泡冰水冰鎮 10 分鐘備用。

2 把預先做好的青醬加入無糖優酪乳攪拌均勻。

3 將蔬菜瀝乾，萵苣切段、彩椒切絲、番茄切塊、小黃瓜滾刀狀。

4 最後把步驟 3 的蔬菜及玉米放在沙拉碗中，淋上步驟 2 青醬優格，清爽的蔬菜沙拉就完成了。

青醬 ———

1 將九層塔以外的食材放入攪碎機裡，先打成泥狀。

2 九層塔需洗乾淨，去除梗，留下葉子的部分，用紙巾擦乾備用。

3 接著在攪碎機加入九層塔，打成泥狀。

4 倒入檸檬汁攪拌均勻，即完成。

番茄莎莎醬

攪拌均勻就入味的番茄莎莎醬，是冰箱常備的食材，
酸甜的醬汁直接淋在水煮雞肉上就能直接吃，配餅乾爽口又開胃，
是朋友來聚餐時一定會準備的開胃菜。

冰鎮的洋蔥丁
可以降低辛辣感

食材

小黃瓜 1 條　　　黑胡椒適量

牛番茄 1 顆　　　橄欖油 10c.c.

洋蔥 ¼ 個　　　　百香果醋 20c.c.

豆苗 2 ～ 3 根

研磨海鹽適量

HOW TO MAKE

1　小黃瓜、番茄外皮洗乾淨後切丁。

2　洋蔥切丁後泡冰水。

3　將所有的食材與橄欖油、百香果醋、研磨海鹽、黑胡椒放入攪拌盆中混合均勻。

4　盛盤後放上豆苗即可出菜。

美味Tips

· 用果醋取代檸檬汁，酸酸甜甜的醬汁更開胃，還能幫助消化。

· 如果有人剛好不吃香菜，就用豆苗取代吧！口感相當好。

· 搭配炸物也很解膩。

辣味泡菜涼拌小黃瓜

把小黃瓜切片加入泡菜一起吃更爽口，泡菜不只能直接吃、煮湯，
可以任意搭配蔬菜，滿滿的一罐韓式小菜，隨時打開就能馬上吃，
搭烤肉片、海苔飯捲都很適合。

食材（容量 480ml）

韓式泡菜 150g

小黃瓜 200g

白糖 1 小匙

韓式辣粉 ½ 小匙

韓式芝麻香油 1 小匙

HOW TO MAKE

1　將小黃瓜抹上鹽巴（份量外）洗乾淨，擦乾，
　　並切厚片備用。

2　取一小碗，先放入小黃瓜、白糖、韓式辣粉、
　　韓式芝麻香油，手抓均勻。

3　再加入泡菜攪拌混合。

美味Tips

・放入冰箱冷藏可保存3～5天。

・加入白糖，可以降低泡菜的酸辣感。

・改切厚片的小黃瓜，可以保持蔬菜的爽脆
　感。

快速Tips

用手取代湯匙或筷子，用抓揉的方式攪拌，
更能加速食材入味。

胡麻涼拌小黃瓜

> 小黃瓜充滿芝麻香氣，
> 配飯配粥都美味

🏷 食材

小黃瓜 2 條 (約 160g)

韓國芝麻粒 1 小匙

白糖 1 小匙

醬油 ½ 小匙

韓國芝麻香油 ½ 小匙（2.5ml）

🍲 HOW TO MAKE

1 先將小黃瓜洗淨切片備用。

2 將韓國芝麻粒放到小鉢中，並細磨成粉狀。

3 接著把小黃瓜放入保鮮盒中，加入芝麻粉與白糖、醬油、韓國芝麻香油，蓋上保鮮蓋上下左右搖晃數次，裝盤即能馬上享用。

美味Tips

· 芝麻粒研磨成粉狀，香氣會更足夠。

· 經過冷藏，小黃瓜會出水，建議做好後馬上就食用。

· 喜歡香辣感，就淋上一些桃屋辣油吧！

8

5 分鐘甜點

新手零失敗！
做甜點第一次就上手

5 分鐘

葡萄柚乳酸雪酪

用牛奶取代了鮮奶油，加入新鮮水果，
就能製作出清爽的雪酪，炎熱的夏天來一杯好消暑，
只要有果汁機，就能快速搞定！

使用工具 手持式攪拌棒

食材（2～3 人份）

葡萄柚原汁 150c.c.

全脂牛奶 150c.c.

可爾必思乳酸菌發酵乳 100c.c.

葡萄柚果粒 1 顆

HOW TO MAKE

1 將二顆葡萄柚切塊，用壓汁機榨壓出葡萄柚
原汁。

2 把一顆葡萄柚頭尾切開，取出葡萄柚果粒。

3 接著將葡萄柚原汁、全脂牛奶、發酵乳、葡
萄柚果粒混合均勻，放入冰箱冷凍 2 小時。

4 從冰箱取出半結凍的葡萄柚冰磚，放入食物
攪碎機，攪打 1 分鐘，重新放回器皿中，放
入冰箱冷凍一晚。

5 從冰箱取出放置 5 分鐘，即可用湯匙刮出冰
沙。

西瓜乳酸冰沙

不只有西瓜甜味，加入酸甜的乳酸發酵乳更涼爽。
可以隨意變化的乳酸菌發酵乳，直接加氣泡水也 OK ！
先把水果打成汁放在製冰盒，只要二個步驟，就能輕鬆完成。

🗝食材

西瓜汁冰磚 200g

乳酸菌發酵乳 70c.c.

HOW TO MAKE

1 先將西瓜切塊，打成果汁，放入製冰盒送進
冰箱冷凍一個晚上。

2 將西瓜冰磚取出，加入乳酸菌發酵乳，放進
食物攪碎機，將冰磚打成冰沙。

美味 Tips

準備新鮮西瓜丁，再加到冰沙裡，拿湯匙挖著
一起吃，更爽快

┌─ 快速 Tips ─

經過過濾的西瓜汁口感會更好，使用小方
塊製冰盒，攪打成泥狀的速度會更快，也
不傷害攪碎機的刀片。

藍莓燕麥優格牛奶漸層果昔

適合夏天的簡單飲品，用冷凍水果和優格，
酸酸甜甜的喝起來有如冰沙感，加上牛奶就能做漸層，
選一個喜歡的杯子，在家即能享受咖啡館的時光。

◇ 食材（容量 480ml）

冷凍藍莓 100g

綜合燕麥片 25g

無糖優酪乳 200c.c.

全脂牛奶 200c.c.

🍳 HOW TO MAKE

1 取一容器，放入冷凍藍莓與優酪乳，用手持
攪拌棒打碎。

2 接著加入綜合燕麥片 20g 繼續打碎。

3 將步驟 2 的食材放入玻璃透明杯中，最後倒
入全脂牛奶，放上剩餘的綜合燕麥片裝飾。

美味 Tips

・使用冷凍藍莓和乳製品，不加冰塊也 OK！

・喜歡甜一點，可以加蜂蜜喔！

・把半根香蕉切片，和藍莓一起打成果昔，更
香濃。

 5 分鐘

草莓風味水果氣泡飲

以水果醬為基底的無酒精雞尾酒氣泡飲，
甜甜的草莓果香，加入新鮮水果風味更豐富。
趕快學起來，夏天來喝一杯！

天然甜的新鮮草莓 +
果泥的絕佳飲品

◇ 食材

新鮮草莓 130g	檸檬 1 片
白糖 20g	新鮮草莓 3 ～ 4 顆（裝飾）
檸檬汁 ¼ 小匙	藍莓 4 ～ 5 顆
氣泡水 200c.c.	冰塊 ⅓ 杯

♨ HOW TO MAKE

1 將新鮮草莓 130g、白糖 20g、檸檬汁 ¼ 小匙放入容器中，混合均勻，冷藏 24 小時。

2 把步驟 1 的食材從冰箱取出，放入牛奶鍋用小火煮滾，再繼續煮 5 分鐘至果醬微濃稠，即熄火。

3 接著將步驟 2 的食材放入食物攪碎機打成泥，草莓果醬即完成。

4 將 1 大匙草莓果醬放入玻璃杯中，加入切片的草莓、新鮮藍莓、冰塊、檸檬片，倒入氣泡水，草莓氣泡飲即完成。

美味 Tips

冷藏的步驟是讓糖完全被草莓吸收，草莓釋出水份是天然的糖漿，再熬煮後就是100%草莓果醬。

┌─ 快速 Tips ─
- 草莓果醬食材可事先放入冰箱冷藏一晚。
- 把煮好的果醬打成果泥，能節省熬煮果醬的時間。

三色鬆餅捲

一次可以吃到三種風味的鬆餅捲，
不只外表繽紛，作法也相當簡單，用鬆餅機加熱只要 3 分鐘，
冰箱的常備鬆餅麵糊，是下午茶最方便又快速的點心。

🐰 **使用工具** 計時鬆餅機 + 吐司烤盤

🏷️食材（可製作 4 ～ 5 個）

鬆餅粉 100g

牛奶 90c.c.

抹茶粉 ½ 小匙

可可粉 ½ 小匙

常溫雞蛋 1 顆（約 50g）

♨️ HOW TO MAKE

1 取一玻璃碗，放入雞蛋與牛奶混合均勻，接著加入過篩後的鬆餅粉。

2 將麵糊分為三等份，分別加入可可粉、抹茶粉，其中一份維持原味，攪拌均勻後放入冰箱冷藏 1 小時。

3 1 小時後將麵糊取出，放置室溫 15 分鐘。

4 在鬆餅機裡放入多用途吐司烤盤預熱，分別用湯匙淋上三種麵糊，加熱 3 分鐘後，使用筷子將鬆餅捲起。

— 快速 *Tips*

把麵糊放進塑膠袋中，剪一小洞，將麵糊淋在烤盤上，能控制麵糊的使用量。

牛奶豆腐糰子

糰子是日式的和菓子點心，口感比湯圓再紮實一些，

加入牛奶、豆腐能增加香軟度，

作法簡單，新手也能快速完成。

充滿豆奶香的小糰子

🔖 食材（6～7 顆）

糯米粉 50g	黑糖醬適量
全脂牛奶 25c.c.	花生粉適量
嫩豆腐 25g	
抹茶粉 1g	
紅豆泥適量	

🍳 HOW TO MAKE

1　取一容器，先將糯米粉、牛奶、豆腐混合均勻，並捏成麵糰。

2　取出 ⅓ 麵糰，和加了水的抹茶粉一起混合攪拌，並揉捏成綠色。

3　接著將麵糰分成 6～7 等份，每個約 12～13g，搓成圓形糰子備用。

4　準備湯鍋將水裝至 ⅔ 處，開火煮滾後放入生糰子，煮約 5 分鐘至浮起，取出後放在開水中浸泡。

5　食用時，可加紅豆泥、黑糖醬、花生粉，搭配著吃更美味。

快速 *Tips*

・使用豆腐，就能將糯米粉捏成麵糰，不需花時間準備熟麵糰混合。

・加入牛奶，糰子會更柔軟。

奶油焦糖肉桂脆餅

邪惡的焦糖肉桂脆餅，一吃就停不下來，

口感香脆，帶著奶油的香與甜甜的肉桂焦糖，

只要 4 分鐘的時間，下次法國麵包吃不完，就來做餅乾吧！

✂️ 使用工具 烤箱

🏷️食材（2 人份）

法國麵包半條

黑糖 20g

肉桂粉 3g

白糖 5g

無鹽奶油 10g

HOW TO MAKE

1　先將無鹽奶油放至室溫中 30 分鐘軟化備用。

2　將法國麵包切片，黑糖、肉桂粉、白糖混合均勻。

3　把麵包的一面抹上已經軟化的奶油，再沾上肉桂黑糖粉。

4　接著把麵包一個個排好放在烤盤上，送進烤箱以 260 度烘烤 4 分鐘，取出放涼就完成了。

3-1

3-2

4

美味Tips

・脆餅放涼後，可放入密封罐保存3～5天。

・想換成軟麵包，可以直接在爐火上加熱。

5 分鐘

新鮮草莓油畫吐司

把鮮奶油直接放在吐司上，加上新鮮水果，
清爽又鬆軟的口感，是最容易做的點心！
還可以和小朋友一起享受 DIY 的樂趣。

食材（1 人份）

新鮮草莓 1 顆
薄荷葉 1 片
打發鮮奶油 30g

HOW TO MAKE

1 使用湯匙的背面一半處，舀一匙打發的鮮奶
   油。

2 把湯匙背面的鮮奶油斜斜的抹在吐司上，連
   續抹上三次，每次都與上次重疊。

3 接著將草莓切片，放在第二層。

4 第三層重複步驟 2 的作法，第四層重複步驟
   3 的動作。

5 整個步驟完成後放上薄荷葉點綴。

美味Tips
把多種水果切成丁狀，放在塗抹鮮奶油的麵包
上，更豐富。

肉鬆地瓜鯛魚燒

鯛魚燒是日本夏日祭典經常出現的路邊攤小吃，
用冰烤番薯包上肉鬆，就變成了鹹口味的餡料。
使用熟食地瓜，把內餡先做好，放入麵糊加熱包起來就行了。

換個不同口味，
肉鬆＋地瓜，鹹香好吃

🏷️食材（可做 6 隻）

冰烤番薯 1 個（約 120g）

肉鬆 30g

常溫雞蛋 1 顆（約 50g）

鬆餅粉 60g

糯米粉 30g

全脂牛奶 85c.c.

🍳 HOW TO MAKE

1　取一容器，放入牛奶與雞蛋混合均勻，接著
　　加入過篩後的粉類，攪拌均勻至無顆粒，送
　　進冰箱冷藏 1 小時。

2　把熟食地瓜去皮分為 6 等份，每份約 20g，
　　壓扁後包入 5g 肉鬆，塑形成橢圓狀備用。

3　接著從冰箱取出麵糊，放置室溫 10 分鐘後
　　再使用。

4　鬆餅機預熱，在鯛魚燒烤盤上放入 1 小匙麵
　　糊，加上肉鬆地瓜餡，再舖一層麵糊，蓋上
　　機器加熱 4 分鐘。

快速 *Tips*

‧ 把冷凍的冰烤番薯放到冰箱冷藏解凍一
　天，取出就能馬上使用。

‧ 戴上手套操作，包餡會更順利。

蜂蜜麻糬甜甜圈

鬆軟又有咬勁的麻糬感甜甜圈，只要 4 種材料就能做，
可隨意變化巧克力、草莓、蜂蜜淋醬，
把麵糰做小一點，油炸 4 分鐘，甜甜圈立刻到手！

加了嫩豆腐，
跟平常的口感不一樣

食材（容量 480ml）

嫩豆腐 55g

鬆餅粉 90g

糯米粉 10g

糖粉 10g

蜂蜜 5c.c.

HOW TO MAKE

1 取一容器，將鬆餅粉、糯米粉混合均勻，再加入嫩豆腐揉成麵糰。

2 將麵糰分割成 8 等份，並揉成球狀。

3 用筷子在每個麵糰中間搓一個洞，上下延展直徑約 1.5 公分。

4 將油鍋加熱至 180 度，放入甜甜圈，用筷子轉動甜甜圈的中心。

5 甜甜圈兩面各油炸 2 分鐘，取出瀝乾，趁熱沾上糖粉、淋上蜂蜜。

快速 Tips

· 在麵糰中間搓一個洞，可讓甜甜圈受熱更快速。

· 麵糰做小一點，更容易熟透。

· 使用小鍋，能節省炸油的用量。

5 分鐘

巧克力鬆餅餅乾

可以和小朋友一起 DIY 的簡單點心，
利用章魚燒的烤盤放入鬆餅麵糊，加入餅乾改變鬆餅的口感，
可愛又有趣，用平底鍋也能做喔。

🍶 食材

鬆餅粉 80g

可可粉 1 小匙

甜麥仁 10g

小熊餅乾 1 包

牛奶 50c.c.

🍳 HOW TO MAKE

1　將鬆餅粉、可可粉過篩，與牛奶混合均勻靜
　　置 10 分鐘。

2　接著將章魚燒烤盤預熱後放入巧克力麵糊，
　　再加上甜麥仁或小熊餅乾。

3　等待 3 分鐘，麵糊熟透，一盤下午茶點心輕
　　鬆上桌。

美味Tips

把麵糊放進章魚燒烤盤後，加一小塊巧克力，
可增加鬆餅濕潤感，風味更濃厚。

┌─ 快速Tips ─┐

・可使用竹籤插入麵糊中測試是否熟透，
　取出無殘留麵糊就 OK ！

・麵糊可事先做好放在冰箱備用，從冰箱
　取出回溫 5 分鐘再使用。

 5 分鐘

地瓜泥糰子

在地瓜泥加入鮮奶油就能作抹醬內餡，
香滑的地瓜泥，可以夾吐司、做蛋餅內餡，
放在糯米糰子上，也超級有飽足感。

食材（可做 9 ～ 10 顆）

糯米粉 50g

豆腐 50g

冰烤番薯 100g

鮮奶油 10c.c.

HOW TO MAKE

1　將冰烤番薯 50g 與鮮奶油混合均勻做成地瓜抹醬備用。

2　接著將糯米粉與剩餘的冰烤番薯混合攪拌，加入豆腐揉成糰。

3　再把糰子分割 9 ～ 10 顆（約 15g/ 顆），並揉成圓形。

4　將糰子放入滾水中煮 3 分鐘，當糰子浮起後，再浸泡冷水中。

5　最後將糰子一顆一顆串上竹籤，放上地瓜抹醬即完成。

美味Tips

・淋上黑糖蜜更香甜。

・在麵糰中加入地瓜泥，天然的蔬菜糰子，有滿滿的地瓜香。

快速Tips

用豆腐取代水，糯米粉不需要經過燙麵（用沸水製作麵糰），也能讓麻糬糰子成型。

5 分鐘

水蜜桃優格吐司

把優格脫水後就能放在吐司上當抹醬，熱量低又沒負擔，

加入充滿水分又多汁的新鮮水蜜桃片，

是夏天最甜蜜的下午茶點心，好看又好吃。

脫水的優格
是天然的抹醬

🧂 食材（2～3 人份）

水蜜桃 1 顆　　　　　　　┐　水蜜桃 1 顆
無糖優格 100g　　　　　│水蜜桃醬│　檸檬汁 2 小匙（約 10c.c.）
水蜜桃果醬 1 大匙（15g）│　白糖 70g
吐司 1 片　　　　　　　┘

🥄 HOW TO MAKE

1 先將無糖優格放在紙巾上脫水 30 分鐘，冷
　藏備用。

2 將事先處理好的水蜜桃切片備用（作法請見
　P252）。

3 將脫水後的優格與水蜜桃果醬分次用油畫的
　方式（可參考 P240 新鮮草莓油畫吐司），
　一層一層塗抹在吐司左側。在吐司右側隨意
　放上脫水優格，接著將切片的水蜜桃放在脫
　水優格上，再次淋上水蜜桃果醬（作法請見
　P252）。

美味 Tips

將水蜜桃去皮，只保留果肉的部分，口感會更
好。

快速 Tips
・無糖優格可以先放在冰箱進行脫水。
・水蜜桃果醬事先做好備在冰箱，可做飲
　品、抹醬。

水蜜桃去皮

1　水蜜桃底部切十字。

2　放入熱水中川燙 20 秒。

3　取出放入冰水中 3 分鐘。

水蜜桃醬

1　將水蜜桃去皮、去籽,水蜜桃皮放入茶包袋中;果肉切成丁狀。

2　接著將水蜜桃丁、白糖、檸檬汁、水蜜桃皮整袋放至牛奶鍋中。

3　開小火,把醬汁煮滾,再煮 3 ～ 5 分鐘至濃稠熄火。

4　將煮好的果醬用手持食物攪拌棒打成果泥。

Joy'in Kitchen
桂冠窩廚房

一起窩廚房‧用幸福調味每張餐桌

窩廚房以「簡單做、開心吃」的原則, 帶領熱愛美食生活的朋友, 深入體驗各國的飲食文化和隱藏在每道菜背後的風土人文與故事!不論你是廚藝高手或是廚房新手, 歡迎加入我們, 一起用幸福調味每一張餐桌。

料理課程

豐富主題料理課程:體驗各國飲食文化的世界味蕾系列、以食育培養孩子成就感的親子童樂系列、為生活加分的質感生活系列、與創意無限的聰明料理系列。多元課程歡迎廚房新手或是料理好手一同開心體驗!

料理生活文章 / 食譜

為了讓大家在家也能輕鬆備餐、聰明布置、探究更多飲食文化的知識與小技巧, 窩廚房的官網、Youtube頻道也提供了各式廚房生活的文章以及影音食譜。邀請大家一起挽袖窩廚房, 打造你心中理想的幸福料理生活!

場地租借

場地需求客製化, 活動型式包含:直播活動設計、拍攝租借、TeamBuilding、品牌活動、記者會、企業包班、新品發表會、食譜拍攝、私廚、同學會、生日派對, 歡迎來電洽詢。

更多美味提案
等你探索

桂冠窩廚房官網

窩廚房Facebook

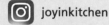 joyinkitchen

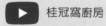 桂冠窩廚房

 桂冠窩廚房 | Q

2AB866

作　　　者	丸子（黃煒婷）	
責 任 編 輯	李素卿	
版 面 構 成	江麗姿	
封 面 設 計	走路花工作室	

行 銷 企 劃　辛政遠、楊惠潔
總 　 編 　 輯　姚蜀芸
副 　 社 　 長　黃錫鉉

總 　 經 　 理　吳濱伶
發 　 行 　 人　何飛鵬
出 　 　 　 版　創意市集

發　　行　城邦文化事業股份有限公司
歡迎光臨城邦讀書花園
網址：www.cite.com.tw

香港發行所　城邦（香港）出版集團有限公司
香港灣仔駱克道193號東超商業中心1樓
電話：(852) 25086231
傳真：(852) 25789337
E-mail：hkcite@biznetvigator.com

馬新發行所　馬新發行所　城邦（馬新）出版集團
Cite (M) Sdn Bhd
41, Jalan Radin Anum, Bandar Baru Sri Petaling,
57000 Kuala Lumpur, Malaysia.
電話：(603) 90578822
傳真：(603) 90576622
E-mail：cite@cite.com.my

印　　刷　凱林彩印股份有限公司
2023年12月（1版5刷）
Printed in Taiwan

定　　價　450元

國家圖書館出版品預行編目 (CIP) 資料

10分鐘上菜，一回家就開飯！千萬粉絲都說
讚的零失敗快速料理+甜點，超人氣秒殺食
譜100+/丸子. -- 初版. --臺北市：創意市集出
版：城邦文化發行, 民111.5
　　面；　公分
　ISBN 978-986-0769-95-1(平裝)

　　　1.食譜

427.1　　　　　　　　　111004242

客戶服務中心
地址：10483台北市中山區民生東路二段141號B1
服務電話：（02）2500-7718、（02）2500-7719
服務時間：周一至周五 9：30～18：00
24小時傳真專線：（02）2500-1990～3
E-mail：service@readingclub.com.tw

※ 詢問書籍問題前，請註明您所購買的書名及書號，以及
在哪一頁有問題，以便我們能加快處理速度為您服務。

※ 我們的回答範圍，恕僅限書籍本身問題及內容撰寫不
清楚的地方，關於軟體、硬體本身的問題及衍生的操作
狀況，請向原廠商洽詢處理。

※廠商合作、作者投稿、讀者意見回饋，請至：
FB粉絲團．http://www.facebook.com/InnoFair
Email信箱．ifbook@hmg.com.tw